這樣沖就對了

100%不敗手沖咖啡，怎麼沖都好喝！

作者－黃琳智

主筆－江衍磊

自序

大驚！怎麼可能！

是我聽到我將成為這一本書主筆人的第一反應，雖然表面上還是要裝作一副很鎮定的模樣，其實內心早就不知道抖了多少下了，說老實話，真的是緊張到不行，但是還是要表現出一副泰然自若的樣子，攬下這一個非常難得的機會。

寫工具書跟我的人生規畫完全是八竿子打不著的，比打牌聽邊張來得還要遙遠，遠到十萬八千里都還不止，正確來說執筆寫書在我的世界觀裡根本沒有存在過；寫作的記憶只停留在高中時代而已，就連國文老師的名字都早已忘記了（老師對不起），所以常常在琢磨文字時會想打爆自己的頭，那時的我腦海中只有「書到用時方恨少」這句諺語不斷的侵占我這不常使用的腦袋，所幸要呈現的是工具書，因此在書寫的過程當中，文字表達雖不算行雲流水，還有進步的空間，不過倒也

順順利利完成了人生的第一本書。

　　醜小鴨咖啡外帶吧的工作讓我有了大量沖煮的機會，但我們的咖啡外帶店不是那種文藝青年式的優雅沖泡，那可是一點都不浪漫天真，只會想用激烈的戰場來形容；也因為這種模式的工作環境下累積了許多的能量，書中所傳遞的文字都是每一天戰鬥下來累積的成果，或許不豐碩，但經驗絕對寶貴，是真的非常想全都呈現給各位讀者。

　　最後感謝給我這個機會的醜小鴨咖啡訓練中心，提供一個很棒的舞台讓我發揮；還要謝謝所有一起工作的夥伴跟每一位在這其中都很支持我的人，不厭其煩的聽我發牢騷，跟被我強迫閱讀我的文章；當然還有寫作碰壁時都會給我一些很合適的建言，適時的點醒我讓我可以繼續往前；最後的最後就是感謝有機會使用此書的每一位讀者了，由衷的希望各位閱讀完後能夠不被所謂咖啡裡的精密數據、化學式，或是物理公式給束縛住，單純只是用優閒的、愉悅的心情，然後藉由合理而且簡單的給水概念，輕鬆沖煮出一杯好咖啡而已。那接下來，就請好好的享受這一本手沖的工具書吧！

江衍磊

Contents

無經驗也可以馬上上手喔

手作濃縮咖啡 醜小鴨的雙層萃取

將萃取液的水分剔除就是濃縮液

媲美拿鐵咖啡

PART 1

這樣沖咖啡就對了

手法沒這麼複雜

來一杯手沖咖啡吧！

咖啡飲品早就已經融入在我們的日常生活當中了，從耳熟能詳的咖啡拿鐵跟卡布奇諾，以及美式咖啡還有早期非常流行的賽風壺（虹吸壺），而此書要介紹的主軸，就是現在普及的程度直線上升且大受歡迎，許多咖啡店家都大力推廣的手沖咖啡。

手沖咖啡的樂趣及魅力所在，就是可以使用方便而簡易的方式來沖煮咖啡，很符合現代人所追逐的品味生活，隨著咖啡液從濾孔中流下來（圖 01），就好像堆積的壓力逐漸散開一般，充滿了生活的小確幸；其實手沖咖啡需要的器具不多，一顆濾杯、一張濾紙以及一隻手沖壺，搭配現磨的咖啡粉，就能夠在家或是辦公室內，花個五到十分鐘，優閒的沖一杯咖啡，也因為這樣的優勢，手沖咖啡的能見度可說是相當高。

圖 01

要提起手來沖咖啡，何不沖一杯好咖啡！

　　說到手沖咖啡，就一定要提到有太多種類的咖啡濾杯以及手沖壺可以選擇，不同的外形（圖02、圖03、圖04、圖05、圖06）、細緻的工法，各式的材質與樣式等讓人眼花撩亂，摸不著頭緒；而每一款設計良好的咖啡濾杯都會有符合濾杯本身的功能以及想要呈現的味道。該怎麼入門？怎麼從中選擇呢？請讀完這本書就能具備相當的概念及想要追求的方向了。

圖02　　　　　圖03　　　　　圖04　　　　　圖05　　　　　圖06

　　首先，手沖壺的部分先不多著墨，此書的重心會聚焦在咖啡濾杯上，因為濾杯本身的架構會影響到咖啡所想要呈現的風貌，代表著濾杯的結構及設計絕對是影響一杯咖啡風味的主要因素，所以深談濾杯將會是訓練中心著手這一本書的重心。

　　關鍵是濾杯的話，那要怎樣選擇適合自己的濾杯，就是一個很重要的課題了，但設想，若有一個沖煮手法能符合大部分濾杯的結構設計呢？是不是意味著每個使用者能夠以手法來選擇濾杯，而不是利用濾杯來選擇手法，基於這樣的出發點，醜小鴨咖啡師訓練中心運用善於整合的能力，經過千萬次的沖煮後歸納出一個手法配合上三個口訣，就能符合手沖咖啡上萃取的結構，進而運用至大部分的濾杯上，就是為了讓沖咖啡這件事情成為一件簡單有趣味的事，也讓選擇器材上不再有盲點。

圖 08

圖 09

圖 10

進入正題之前,概略性的先說明兩個重點:

❶ 濾杯就是一個沖煮容器,從它的四面八方去看都是
立體的(圖08),所以一個很關鍵的觀念,就是用體
積的結構來沖咖啡(圖09),不要單純的以面積的概
念(圖10)去做沖煮,以下的說明跟示範都會以體積
的概念去做給水,而不是以表面粉的面積沖煮,這
是重點之一。

❷ 怎麼樣讓咖啡煮得好喝呢?絕對也千萬不是把一整
顆咖啡豆丟進水裡面泡或是機器裡煮,沖煮咖啡之
前,需要利用咖啡專用磨豆機先把咖啡磨成顆粒狀
(圖11),然後重點是如何讓咖啡顆粒均勻的吃水然
後飽和,就像是煮米飯要讓米芯透(圖12),煮麵條
煮到熟一樣,所以運用手法讓濾杯裡的咖啡粉能夠
均勻的吃飽水然後讓濾杯正常的發揮功能,也就是
此書想分享給各位的目的了。

圖 11

　　正式的演練沖煮手法之前,有幾個非常重要的要
素需要先釐清跟知曉,這樣對於整個咖啡萃取的概念
才會完整,手法的意義跟濾杯的結構才會有價值,這
就是所謂的先知而後行,且讓我們跟著書本一一解開
濾杯跟手法的祕密吧!

圖 12

顆粒怎麼吃水

　　知道咖啡顆粒怎麼吃水之前，應該先從咖啡豆磨出來的顆粒結構開始談起，這是一個根本，從根本開始打起基礎對於之後解析給水跟萃取的前因後果才更容易理解。

　　烘焙好的咖啡豆是一個偏乾燥的果實（圖13），包含著約百分之七十不可溶於水的木質纖維，將完整的咖啡顆粒扳開後，它的橫切面就像是蜂巢般的形狀，雖然大小不一（圖14），但是無數的孔洞分布其中；而將咖啡顆粒磨成粉之後，截面積變大，像是蜂巢般的空間就是所謂的咖啡細胞壁，細胞壁的周圍會附著一些物質，我們將之稱為咖啡物質或是可溶性物質（圖15），當給予咖啡顆粒熱水時，進行萃取的時候，木質纖維會膨脹；除了製造出更大的空間，讓熱水進入細胞壁裡面擠壓出氣體（圖16），也會讓附著在細胞壁的咖啡物質因為空間變大而更容易藉由熱水給帶出來，這就是所謂的吃水（圖17）。

圖 13

圖 15

圖 16

圖 17

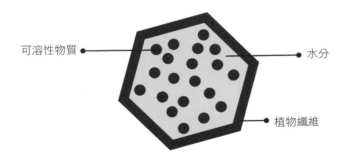

可溶性物質　　　　　　　　　　水分

植物纖維

圖 14

不敗的三大原則

　　大致上了解吃水的重點之後，便要一步步切入我們想分享給各位讀者的一大重點——萬用的手法。

　　手沖咖啡主要的關鍵角色，就是濾杯。透過咖啡濾杯獨特的功能性，我們只需要一個簡單的給水動作，就可以將咖啡顆粒裡的物質萃取出來。綜合了上面三個基本概念，就好像可以想像刻畫出一個手沖咖啡的藍圖了。接下來的章節都是會採取由淺入深的原則，帶著各位，一步一步說明為何要這樣做，當然會摻雜著一些沖煮咖啡上專業的名詞，但是不需要擔心，書中都會詳細白話的解釋清楚。

　　開始吧！洋蔥式的揭開這一串串連貫在一起的重點。

　　訓練中心將給水的部分先獨立出來做說明，我們整合了給水的三大原則，藉由合理的文字解釋配合上圖案式的說明，讓讀者們可以輕易吸收和理解，在這些環環相扣的關鍵要素之下，加上一直給予讀者重點式的概念，配合著適當的練習後，點與點會連成線，線與線之間交織而成面，即使產生問題也能藉由這本書提供的知識來自我校正，由衷的希望每位讀者都能夠藉由這本書提供的資訊，能夠穩定的沖出一杯杯充滿著味覺饗宴的咖啡。

一、每一次給水不要超過顆粒可以吸收的量。（圖18）

各位都知道咖啡顆粒內含著大量像是蜂巢般的不規則空間，當我們給予熱水之後，會做一個吸水跟排氣的動作。什麼稱作「不要超過顆粒可以吸收的量」呢？

很簡單，將顆粒的部分看作是一顆顆的個體，每一個咖啡顆粒內部的空間有限，無法大量的吸水，在進行沖煮時，顆粒會接觸熱水，顆粒的木質纖維開始膨脹，熱水逐漸進入，將氣體向外推出，此時顆粒的狀況是無法吃水的，如果此時給予的水量過多的話，會很明顯的看出顆粒很快的就浮出水面無法進行萃取，等同於將正在吃水的顆粒浸泡於水中，而導致沖出來的咖啡會有雜味跟澀感，所以每一次給水都需要給予顆粒合理的水量，這是原則之一。

如果單純只是從粉層表面給水，只會讓上下層吃水的差異越來越大！

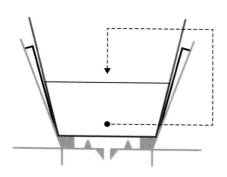

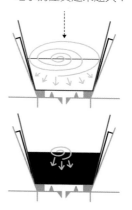

給水的重點是要讓濾杯內的整體粉層可以均勻吃水，最佳的狀態就是表面與底部的粉層可以同時吃到水！

將給水範圍變小，可以讓水集中往粉層內部移動。

圖18

二、利用有穿透力的水柱使每次給水都能讓未吃水的顆粒吃到水。（圖 19）

　　有穿透力的水柱，一般來說是指當給水的過程當中，都會期望每一次給水的時候，水柱都可以穿過前一次已經吃水的粉層，讓下層未吸水的顆粒開始進行吃水，假設無法達到理想狀態的時候，意味著每次給的水都只是讓前次的顆粒重複吃到水，等於給水的量太多，跟第一點會相互呼應，造成過度萃取，而底部因為顆粒吸水而變重沉積的粉層也無法做適當的擾動跟翻滾，造成浸泡過度，都會產生雜味以及澀感，這是第二點。

將一開始的給水範圍縮小到一元硬幣大小，目的是將水柱集中，如此一來水比較容易滲入粉層內部。

水從粉層內部擴張，才可以減少粉層之間吃水的差異！

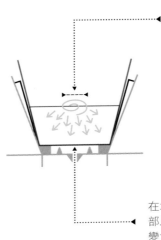

上層給水範圍變大與否，前提在水量是否到達粉層底部。

將給水範圍縮小有助於水的穿透力，隨著咖啡顆粒吃到水，排氣過程中所產生的泡泡與其夾帶的顆粒，可以間接判斷水量是否已到底部！

在水量還未滲入咖啡粉層底部以前，上層給水範圍不用變大。

圖 19

三、讓顆粒不要靜止在水中，每次給水的量都要比前次大與多。（圖20）

　　沖出一杯好咖啡其實真的不難，洞悉咖啡跟水結合的原理就容易許多，給水的三大方向已經揭露兩個了，在先前的文字中反覆提及的「浸泡過度」四個字，即是第三個重點。

　　原由很簡單，就像是炊米、煮麵、煎牛排、蒸魚、炒青菜等等一樣，大家都不喜歡沒煮熟或煮過頭了，因為會口感不好，會不好吃，甚至不能吃，料理是這樣，沖咖啡的道理也是一樣。

　　如何讓顆粒不要靜止在水中呢？為什麼給水會需要一次比一次多呢？現在大家對於顆粒吃水的架構應該已經越來越紮實了，我們會利用給水的模式結合顆粒吃水的方式來探討這個重點。

　　當顆粒接觸到我們給予的熱水後，將產生兩件獨立的事情，顆粒吸水跟推擠氣體出來，現在將這兩個主題分開來談。

圖20

❶ 物體持續吸水會變重，咖啡顆粒也不例外，重量上升的顆粒會往下沉，相對輕的會持續在上面，等到濾杯裡的顆粒逐漸飽和後比重比水大，會下降到濾杯底部。

❷ 顆粒與顆粒之間因為排氣會互相推擠製造出空間，加上顆粒吸水後的狀態和給水所製造的擾動會造成所謂的位差，原因在於濾杯裡的咖啡顆粒無法同一

時間完整的吃飽水，會有所謂的先後次序而造成顆粒的重量不同，所以較重的在下，輕的在上。

現在更清楚顆粒跟水的關係了，變重的顆粒會沉積在底部，如果給水的量無法越來越大，堆積在底部的顆粒無法擾動，持續浸泡，時間長了會變成所謂的浸泡過度；還記得第一項要素嗎？給水的量要適當，不然也會因為給水過多，顆粒浸泡過久，沖煮出雜味，這是第二種浸泡過度。

以上的三大要點就是給水的大原則，每一點之間會互相有關聯性，這就是所謂的細節，當藏在細節的魔鬼被抓出之後，就更容易釐清不確定的觀念，運用在沖煮跟理論上，咖啡的世界也就更清晰了，連結了越來越多的線索，再來就是將每一條線索串在一起，串連的工具就是馬上要解釋的沖煮重點——手法。

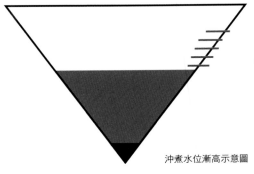

←第三階段給大水時，水位漸高的意思是每次給水都要超過原本粉層的高度，意義在於藉由水壓來維持一定的下降速度，除了以實際上的沖煮照片也用示意圖的方式來輔助。

沖煮水位漸高示意圖

圖 21

手法

　　以體積的概念作沖煮，了解顆粒如何吃水，不能放過的三大原則，結合以上三項要素，醜小鴨咖啡師訓練中心研發出一種萬用的手法來挑戰各款濾杯，接下來就跟著我們沖咖啡吧！

❶ 無論是錐形或是台形的濾杯（圖 21），都是中間部分的粉層為最厚，所以以粉層的概念為優先，第一次注水的時候由中心注水繞約一元硬幣大小的小圈（圖 22、23），越慢越好，繞一圈即可，使整個中心的粉層均勻吃水。

圖 22

圖 23

NOTE 一圈的意義在於，若給予水量過多，會讓多的水浮在表面上，表層的咖啡顆粒等同於浸泡在水中，造成浸泡過度。

當顆粒開始接觸熱水之後，熱水進入顆粒裡面，木質纖維膨脹，熱水將氣體推擠出來；還記得一件事情嗎？我們沖的是咖啡粉層，所以當粉層產生推擠的狀況時，會出現一個膨脹的狀態，達到膨脹的最高點之後，就可以給予第二次的熱水了，在這邊提醒一下不敗的原則之一，熱水需要一次給的比一次多，請把握這個大原則。（圖組 24）

圖組 24

NOTE 為何要在膨脹的最高點給水呢，因為當顆粒推擠膨脹之後，等於顆粒間隙擴大，等到顆粒停止推擠，也意味著顆粒不再吃水，此時間隙將是最大的時候，熱水會更容易進入未吃水的粉層裡。

❷ 咖啡顆粒吃到水的比例會逐漸提高，並且開始往外擴散了，中心點給水的部分也可以清楚的看到排氣的狀況，大量未吃飽水的顆粒因為給水的擾動往上竄，給水次數越多，會發現顆粒越來越少（圖25），氣泡的顏色開始由深轉為淡，水位下降的速度也會因為給水的次數的增加而逐漸趨緩；當中間那個區塊內的咖啡顆粒不在大量的浮上來，加上水位下降的速度明顯變慢後，意味著絕大多數的咖啡顆粒已經飽和了（圖26）。

　　因為注水方式都是以中心繞小圈為主，目的是為了讓底部的咖啡粉層先進行飽和，就只剩下表層的顆粒需要吃水，下一次給水的時候，就以畫同心圓的方式讓水柱繞出去，讓表層的咖啡顆粒也吃飽水（圖27）。

圖25　　　　　　　　　　　　　　　　　　圖26

NOTE 何謂水位下降速度：當進行沖煮時，咖啡液會藉由底部的濾孔流下去，而給予的熱水經由咖啡粉層的表面到達底部然後流下去的狀態，稱作「水位下降速度」，會因為咖啡顆粒吸水程度而產生變化。

圖 27

　　好！到這為止已經進行了一半的過程了，聰明的讀者應該已經發現有幾個重點是不斷重複進行，就是我們每次的給水，都會把握住體積、吃水原則以及三要素，配合著圖片的解說，相信每位讀者都能夠很輕易的進入狀況，這段的意義不光是單單把手法這個部分獨立出來解說，目的之一也是讓讀者能尚未沖煮咖啡之前，藉著想像的方式在腦海裡將沖煮過程演練一番。接著讓我們往下繼續沖咖啡吧！

咖啡小知識：

咖啡的風味藉由嗅聞的香氣加上舌面上味道的口感，也就是我們常常吃到的酸甜苦鹹結合而成，像是花香、水果、堅果、巧克力味道等；就好像不同種類的茶、烈酒或是紅酒，聞香並飲用時會散發出一些獨有的味道，咖啡亦然。

圖 28

圖 29

❸ 此時絕大部分的顆粒都已經飽和了，為了避免飽和的顆粒變重，下沉速度變快，沉積在底部，造成顆粒浸泡過度，所以給水的量要大幅度的提升，就好像用倒的一樣（圖28），這時候開始只需要從中間給水即可，給水的節奏變為當水位的下降速度變慢就給水，每次給水的量超過本來水痕的高度即可（圖29），反覆的操作到設定的萃取量即可停止萃取，如此萃取出的咖啡就是一杯好喝順口的咖啡了喔。

到目前為止是不是都很簡單呢？

提到的手法不外乎就是給水、鋪水、給大水沖煮三口訣，加上刻意的不以濾杯的種類跟形式來討論此方法，原因在於：這個手法的設計是針對整體粉層的狀態為概念，雖然濾杯有形狀上的差異，但是以體積的觀點作為沖煮咖啡手法上的出發點，就能夠讓咖啡顆粒均勻並且不重複的吃水，重要的是可以讓大部分的顆粒都能夠均勻的飽和，這樣才會讓接下來沖煮的試驗有存在的必要性。

這個沖煮模式演繹了手法的重要性及正確性，然後讓濾杯裡面的粉層充分的吃飽水，一旦顆粒能夠完整萃取，沖泡出來的咖啡就會濃、香、回甘和順口，也能品嘗出咖啡豆本來的風味；這樣也代表著每個使用者能夠以手法來選擇即將要介紹的濾杯，讓濾杯所賦與的特性藉由這個手法來發揮出它的功能。

沖煮三口訣：

給水

鋪水

給大水

　　下一段就要開始切入本書的重心了，將明確的說明一些目前市面上很容易很常見的濾杯，也會針對幾個非常經典的咖啡濾杯作很深度的探討，讓您手中的咖啡濾杯不再只是玩賞限定，要能物有所用，享受每一杯沖

給同心圓水柱的判斷方式：

・顆粒由多變少
・顏色由深變淺
・下降速度由快至慢

PART 2

濾杯不一樣
怎麼辦？

濾杯不一樣怎麼辦？

　　從早期的濾杯演進至今，濾杯的設計概念，主要的功能除了讓顆粒飽和之外，還必須讓顆粒中的咖啡物質釋出得更多，所以才會衍生出如此多類型樣式的咖啡濾杯，其開發的原因或是演進的結果，大體上都是朝著此方向前進；當然也有以外形掛帥的設計，把玩的趣味性可能就會比萃取的結構來得凸顯，風味的多寡相形下就不是那麼重要，將之收藏起來當作工藝品是個還不錯的選擇，但是這樣型態的濾杯就有離此書所想分享的觀念了，並不在我們討論的範圍，就不多作介紹。

　　現在已經知道濾杯的作用跟咖啡顆粒飽和與釋出有絕對的關聯性，讓顆粒吃水飽和，只是濾杯設計的基本條件之一，重點是能釋出的咖啡物質能夠有多少？釋出的方式跟多寡，才是決定一杯咖啡風味的關鍵要素；釋出的方式會連帶影響咖啡物質跟水結合的時間，咖啡物質結合時間的長短和多寡就變成了該濾杯所要呈現的風貌了，這才是濾杯真正的功能所在。

　　手沖咖啡的每一個步驟都是在給水，現在我們都已經得知咖啡顆粒需要跟水做正確的結合，才不會出現所謂不好的味道，不好的味道會出現於浸泡過度，無論是何種方式的浸泡過度，都是咖啡顆粒沉積在水裡面的時間過長，產生出雜味以及澀感；轉一個方式思考就等於給水的節奏跟時機點，是為了讓顆粒不要長時間浸泡在水裡面，這部分只需要把握住先前提出的給水三大要點，還有給水的三個口訣，就很容易地避免這樣的狀況發生，接下來將會開始大篇幅以常見的、經典的濾杯為例，示範如何運用手法及濾杯的特性，讓顆粒縮短沉積的時間，避免萃取過度。

以外形上來說，咖啡濾杯大致上分為兩種：

台形濾杯　　　　　　　　　錐形濾杯

❶ 台形濾杯或稱作扇形濾杯，此種濾杯因為底部面積大且濾孔偏小，通常流速較慢。

❷ 錐形濾杯，這個樣式的濾杯呈現圓錐狀，下方濾孔通常較大得多，流速相對較快。

　　無論是何種樣式的濾杯，濾杯的內側都會有我們稱之為「肋骨」的凸起結構（圖35），肋骨有長短之分，厚度也不同，肋骨與肋骨之間的間距也會有所落差，不同種類的咖啡濾杯內含肋骨的數量也是差異之處，它的主要功能就是調整空氣的流動量，肋骨越深空氣的流動量就會越好，越淺則相反。所以❶肋骨扮演的角色為何？

圖 35

圖 36

❷ 濾孔大小直接影響的層面又是什麼呢？（圖36）

❸ 濾杯的設計幾乎都是以上寬下窄的方式呈現，這與咖啡的萃取又有什麼樣子的關聯性呢？

　　即將進入訓練中心導入的重點，藉由以上三個關鍵，將一步步帶你找出細節裡的魔鬼！

顆粒的飽和與釋出

顆粒飽和的意義在哪？

在咖啡萃取的概念中，不管是咖啡職人或是熱中於這個領域的咖啡玩家，甚至是一般的使用者，追求的目標，應該都是期許每一次的萃取能夠均勻且完整，所以有效的利用顆粒吃水的模式，加上濾杯本體所擁有的功能，讓顆粒能夠快速飽和，且釋出的咖啡物質越多就代表沖煮出來的味道會更完整，更能忠實呈現該咖啡豆的烘焙風味。

前面章節已經將訓練中心所設計出來的沖煮手法詳盡解說，接下來只要對濾杯的結構微調沖煮手法，就能夠發揮其功能；在這之前，一樣需要先了解「濾杯的功能」為何？它並非單純只是將熱水倒入，然後讓咖啡液流下來的萃取工具而已，每一個設計良好的濾杯都有它的優點，無論是偏重香氣，還是想表現渾厚的口感，甚至是追求味道上的完整均衡；為何只是濾杯上的不同會造就這麼多的差異；說穿了就是整個濾杯結構上的問題，訓練中心的著眼點是藉由合理的手法，讓濾杯裡的咖啡顆粒吃水完整度提高，以截長補短。

濾杯不同的外形左右
著咖啡特殊的香氣

　　不知大家有沒有這種經驗，每次去咖啡館的時候，或是在網路上看到的文章，無論是知名部落客或是咖啡玩家，甚至是豆子包裝上的資訊，在描述一杯咖啡時常常都會用一些很特殊的詞彙，像是奔放上揚的熱帶水果風味、輕飄飄的花香、堅果般的香氣、紮實渾厚的口感等等，為什麼喝一杯咖啡能冒出這麼多又複雜的形容詞？風味不會無中生有的，濾杯的功能無法創造出咖啡的風味，但是品嘗一杯咖啡的強度、香氣、持續性、尾韻和回甘就是可以利用濾杯的特性來呈現了。

　　優秀的濾杯，設計上會從外形、肋骨的長短厚薄、濾孔的大小深度的結構作考量，每個細節都有其存在的意義，連帶影響的是浸泡的時間、濃度的高低、香氣的多寡、口感的紮實程度和尾韻的持續性。以下文中，針對四款經典濾杯做詳盡的分析解說。訓練中心秉持一貫循序漸進的方式，簡單不複雜的手法，結合濾杯要展現的特性，導出客觀的成果，將手沖的結果透過系統化統整，將差異性以簡單明瞭的方式呈現在眼前。常因為咖啡濾杯太多、太相似、太複雜而出現選擇困難的你，從此不會困擾。

　　　　　　台形　　　　　　　　　圓錐

不同造形的濾杯有不同的體積，有不同的吃水比例，進而反映在味道上的呈現。

兩大經典款濾杯

KALITA 101　　　　　　　HARIO V60

　　首先上場的是曝光率很高，容易取得，分別代表台形跟錐形濾杯的 KALITA 101 與 HARIO V60。

　　KALITA 101 與 HARIO V60 一直以來都是很經典的咖啡濾杯，有眾多的使用者，購買管道也多，又分別在台形與錐形濾杯裡占有很大的分量，這也是以這兩顆濾杯為開端，來解析濾杯設計概念的主因。

　　分析完這兩款濾杯之後，台形濾杯和錐形濾杯的基本概念會忠實的攤開在讀者眼前，對於介紹其他經典的濾杯會更加容易，就讓我們開始一窺整個濾杯的世界。

　　先讓我們看一下這兩種濾杯粗略的比較如下：

濾杯名稱	KALITA 101	HARIO V60
外形	台形	圓錐
濾孔	三孔小	單孔大
肋骨	紋路淺 共 40 條	長短各 12 條

　　不需多說，單就外形來看兩者是截然不同的，那沖煮出來的結果，也如同外形一般相差很多嗎？真的能

夠證明不同的咖啡濾杯沖煮出來的風味，如同書中所說
那般大不相同？

　　開始沖煮之前，先試著從外觀分析一些基本的濾
杯特性，之後結合沖煮後的結果，將兩者之間交叉比
對，沖咖啡就是要「喝咖啡」，用喝的結果來驗證這一
大串的剖析。

　　從圖片可以發現代表台形的 KALITA 濾杯，有三
個濾孔但是濾孔較小，底部窄，加上不明顯的肋骨，空
氣流動相對差，由此判斷加上濾紙跟咖啡顆粒之後，流
速一定偏慢，可以討論的重點可能有：

❶ 流速慢代表水會在濾杯裡面滯留很久，浸泡時間可能
　會過長，需要特別注意的是顆粒和水的結合方式若
　不正確，浸泡過度的機率會上升。

❷ 三個濾孔的設計，會因為濾孔變多，彌補肋骨不明顯
　的缺點嗎？

　　再來看看 HARIO V60 的外觀，圓錐式濾杯的設計，
單一個濾孔並且大，螺旋狀的肋骨結構深度非常明顯，
代表著空氣流動非常好，水流集中，流速會偏快，能夠
討論的面向有：

❶ 流速快，意味著水跟顆粒結合的時間會偏短，無法萃
　取完全，可能風味濃郁性上會偏少，我們需要挑戰
　的，就是如何利用這樣的條件，讓顆粒飽和與釋出。

❷ 螺旋狀的肋骨設計又能夠為顆粒帶來什麼樣的作用？

簡單的從外觀上面分析這兩種濾杯的構造，接下來就是實際上的沖煮了，我們會配合先前所提到的萬用手法，來實證是否可以用手法來選擇濾杯，沖煮完畢之後用「喝」來感受是否言之有物，濾杯真的都有獨特的特性存在嗎？想呈現的風貌都會跟原本濾杯外形所透露的訊息畫上等號嗎？下一步就讓手法揭開序幕，展開濾杯特色攻防戰吧！

沖煮之前讓我們先訂一下規則，沖煮的測試需要把變因降到最低，另一點則是若可以輕易且完整的複製出我們所提供的資料跟結果，那才是真正醜小鴨咖啡師訓練中心想傳達給各位的經驗與知識。

濾杯	KALITA101	HARIO V60
使用豆子	醜小鴨綜合豆－黑皇后	同左
焙度	中深焙	同左
磨豆機	小富士 #3	同左
克數	15 克	同左
萃取量	300 毫升	同左
水溫	90 度	同左
濾紙	KALITA101	KONO 漂白
手沖壺	月兔印 不鏽鋼 0.8L	同左

有了這些簡易的基本數據跟工具之後，就來個咖啡小實驗吧！

前面章節所提及的手法跟口訣，不知道是否已經烙印在各位讀者的腦海裡了嗎？試著運用顆粒吃水的方式、給水三大原則和注水的三個口訣，跟著我們這樣做，一同參與訓練中心的咖啡實作。

KALITA 101 給水

NOTE 給水範圍不要超出第一次的給水區域

KALITA 101 鋪水

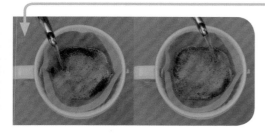

NOTE 以畫同心圓的方式，針對未吃水的顆粒進行給水。

HARIO V60 給水

第二個登場的是
HARIO V60。

HARIO V60 鋪水

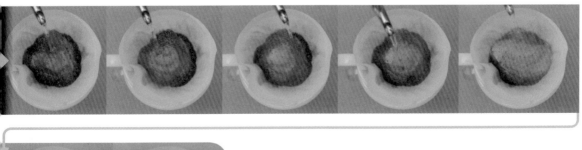

KALITA 101 給大水

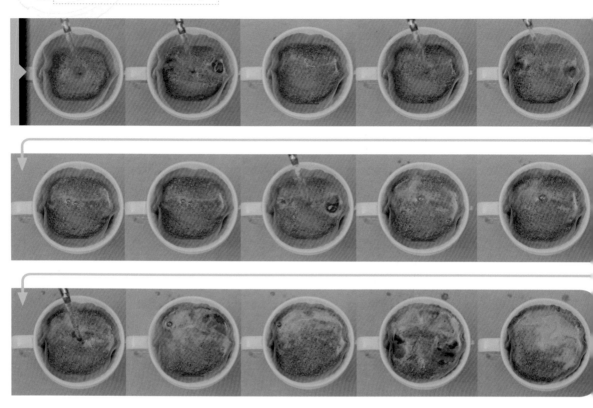

NOTE 逐次漸高以維持一定的水位下降速度，避免咖啡顆粒過度浸泡。

HARIO V60 給大水

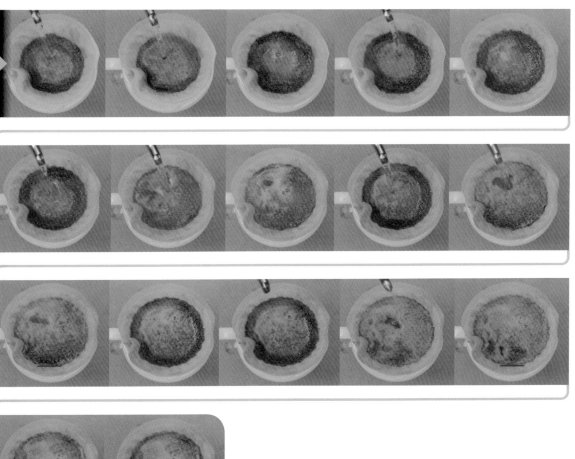

NOTE　HARIO V60 水位下降速度夠快，不需要刻意漸高。

分別進行了兩個濾杯的沖煮，從沖煮的過程中，如果仔細觀察咖啡顆粒的狀態，會發現一些耐人尋味的地方。接下來我們會一一說明，然後一步步的解開沖煮過程中的謎題。

先從 KALITA 101 開始說起，從沖煮的連續照片可以看出，由於濾杯屬於台形的構造，整個粉層的分布是咖啡粉的表面積很寬，深度卻不深；影響空氣流動性的肋骨部分並不明顯，意味著水的流動性差。

圖 46

當給予第一次熱水的時候，可以清楚的觀察到，接觸到熱水的咖啡粉層會先集中在中間點附近，所有顆粒吃水的比例小，水也不會很快的擴散至濾杯的外圍（圖46）；經過幾次給水之後，因為肋骨直接影響的流動性，加上非圓錐型的樣式，即使底部有三個濾孔，也不會一

瞬間就讓咖啡液流至裝載的容器裡，這裡可以漸漸看出，我們遵循給水要點的指示，每一次的水柱都會穿過上一次的粉層，讓咖啡顆粒吃水的比例開始提高，然後陸續的擴散至周圍，因為下降速度緩慢，水容易沉積在濾杯底部，此時為了避免水滯留的時間過長，一方面利用給水的穿透力讓未吃水的顆粒能夠吃飽水，另一方面也是要維持一定的流速，以免顆粒浸泡過頭；大約萃取至100ml的時候發現，大部分顆粒的吃水比例已經很高了，水位下降速度明顯地變緩慢，此時一樣照著心法的口訣以畫同心圓的方式，讓濾杯表層的顆粒也吃飽水之後，就開始以加大水量的方式沖煮，直到我們萃取出目標量。

　　至於，HARIO V60，從照片看起來，因錐形的構造，粉層的分布是集中型，表面面積相對小，相對的粉層的厚度會較厚；因為濾孔較大，配合上明顯的肋骨，可以確定的是空氣的流動性會很好，水位的下降速度會比 KALITA 101 快得多。

　　觀察第一次注水時顆粒產生的變化（圖47），很明顯，整體咖啡粉層接觸到水的比例比 KALITA 101 來得多，意思就是全部顆粒瞬間吃水的比例大，前期注水不需要太多次的給水，就能夠讓所有咖啡顆粒都吃到水；濾孔跟肋骨這兩個重點地方跟 KALITA 101 相比之下占有極大的優勢，所以水沉積在底部的問題將會減少；釋放的模式以 HARIO V60 在初期注水觀察粉層的反應來看，是呈現了大部分的顆粒一起萃取，有趣的是，萃取液大約到 100ml 的時候，會發現底部的顆粒已經接近飽和的狀態了，時間點也很相近。因為是錐形濾杯的緣故，即便顆粒大量飽和，水位下降的速度還是遠比台形

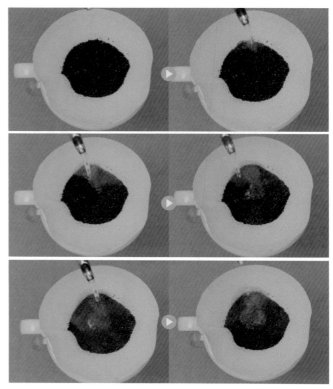

圖 47

的 KALITA 101 來得快，此時仿照第二個口訣，一樣以畫同心圓的方法讓表面的粉層也吃飽水，剩下來的就只有不斷的給大水到達目標的萃取量。

NOTE HARIO V60 的流速非常快，給大水的這個階段會完全展現出來，這個時候只需要給水至原本的高度即可，等到下降的速度明顯變緩，再加高水位即可。

到目前為止，好像可以看出一些端倪了；兩個完全不一樣的濾杯飽和時間點居然很雷同，咖啡顆粒並沒

有因為濾杯先天上流速的快或慢，造成飽和的時間點跟飽和時的萃取量有太大的差異，真正不同的地方反而在萃取後期，也就是口訣的第三步驟才產生交叉點，從顆粒飽和後到萃取完畢的期間，才看出來兩個濾杯沖煮時間上明顯的落差，這代表什麼意思？這裡先賣個關子，有太多的訊息要揭露給各位知道，請容我們娓娓道來。

　　沖煮完畢了，還是要回歸到喝咖啡，講了一口好咖啡也要沖一手好咖啡，就從「喝」的結果，以結合視覺、嗅覺與味覺三個人體感官來驗證，並且反推回去前文描繪的是否為真？

　　KALITA 101 沖煮出來的咖啡液，顏色稍微淡一些（圖 48），聞起來好像平平的沒有什麼強烈的起伏，但是持續性好像還不錯，就好像深呼吸一樣，吸了一口，鼻腔裡充滿了好多咖啡味，一入口的感覺是一杯好喝順口的咖啡，口感上也均衡，沒有太過於刺激的感受，帶一些咖啡的回甘感，但是整體感覺好像都不是這麼突出。

　　HARIO V60 呢？咖啡液的顏色稍為深一點（圖 48），靠近杯口時就馬上可以嗅到濃烈許多的咖啡味，香氣撲鼻而來，可是好像不持久；一口喝進去口腔裡，強烈的香氣跟的舌尖的感受一下子展開來，跟 KALITA 101 相比之下來得多，可是咖啡味一下子就散開了，有點短促，回甘的感受度不高，吞嚥下去後，嘴裡沒有殘留太多咖啡的香氣。

　　兩杯咖啡品嘗起來也落差太大了，這兩個濾杯想

圖 48　KALITA 與 V60 沖出來咖啡顏色差異

呈現的風味，就如同上面所描述的嗎？實作的部分有沖煮上的缺陷嗎？以及賣的關子到底是什麼？接著要抽絲剝繭般揭開濾杯的祕密了！

　　兩個完全不同的濾杯，怎麼會在相似的時間點跟咖啡萃取量達到顆粒的飽和呢？關鍵就是濃度！什麼是濃度呢？不管是身為咖啡職人或是對於咖啡有濃厚興趣的玩家，想要了解咖啡一定要了解濃度跟萃取率的關係，這兩者的關係會忠實的反應在濾杯的結構上，離問題的出口已經越來越近了，請繼續往下看……

PART 3

咖啡的濃度與萃取率

所謂的濃度與萃取率

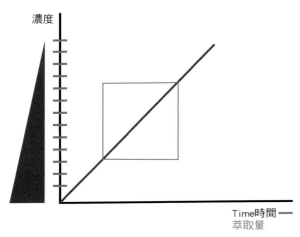

濃度／萃取關係圖

　　上圖是濃度與萃取率之間的參考示意圖，解釋濃度與萃取率之前，先來淺談「喝咖啡」這件事，就如同品紅酒、飲威士忌或是喝茶，一杯好咖啡的味道也有所謂的前、中、後韻，從舌尖的位置一直延伸到舌根；香氣亦然，而濃度跟萃取率、香氣和口感，就是在玩一個連連看的遊戲，只需要將兩個相同意思的答案連一起就可以拿到高分了；香氣意味著依靠與生俱來的嗅覺，口感則與舌頭上覆滿的味蕾息息相關，兩者合二為一就是咖啡那令人著迷的風味了。

　　讓我們開始揭開這兩者的面紗吧！

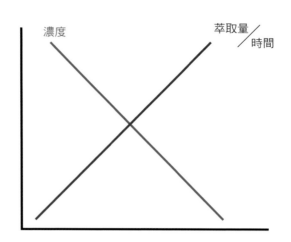

濃度──香氣

　　濃度代表的是香氣的總和，濃度越高表示香氣越強烈，在嗅聞時，也可以輕易的感受到咖啡顆粒內含的物質，包括了高揮發性的分子、中與低揮發性的分子，意思就是咖啡物質可溶於水的難易程度，越高代表越好，越容易在萃取初期時溶於水裡，依此類推；此時恰好是給予一個重要觀念的時刻，當咖啡物質溶於水時，是否就等同於這兩者做了充分結合，而這正是馬上要提及的萃取率──口感。

萃取率──口感

　　品嘗咖啡時舌頭上的味蕾可以嘗到酸、甜、苦跟鹹，口感代表著味道的質地、多寡以及延續性；咖啡豆本身的好壞將有著一定程度上的差異，若只談論沖煮的話，口感會跟沖煮的時間呈正相關，就好比熬高湯一

樣，舌面上的感受會因為一定程度的時間而更完整，需要留意的便是將沖煮的過程拉長後，要避免讓雜味、苦味和澀感產生。

由圖可知濃度與萃取率的關係就像蹺蹺板一樣，一邊重另外一邊就會輕，交會處是沖煮所需要的甜蜜點，可以沖出一杯好喝均衡的咖啡：一般來說濃度會先當重的那位，標示在圖表上的 Y 軸，各位應該都聽過一句俚語：「小時候胖不是胖。」可用來理解咖啡萃取時的濃度。

萃取率呢？在成長的過程中食補的比較好，就會逐漸的趕上濃度了，這之中，最關鍵的因素就是咖啡萃取的總量以及時間了。

由圖表中清晰可見，剛開始進行沖煮時，濃度釋放的比例會非常高，原因在於這時候所有顆粒都處在能夠大量釋放的狀態下，咖啡物質會大量釋出，這時候萃取總量不足，萃取時間也短，所以濃度會在高點，相較之下，萃取率在此階段一定會相對低，這就是為什麼當沖煮咖啡時，前面的萃取液在舌尖的風味會特別濃烈，但是口感上面會稍嫌薄弱，延續性不足，味蕾的反應是刺激強烈的，而隨著時間跟萃取量的上升，咖啡物質釋出和結合的比例提高，香氣跟口感會逐漸達到平衡。

但是，這是指在沒有任何的變因之下，濃度與萃取率的期望值，一旦加入了外在的條件，舉凡手沖壺的不同、咖啡濾杯、給水的節奏甚至是更換沖煮的器具，都會使得顆粒的釋放狀態產生了改變，圖表上的縱橫軸將會有所變化，唯一不變的是整體的架構不做更動，剛

開始進行萃取時濃度依舊會在高點，蹺蹺板上的變化就會依照變因的不同產生變動了。

了解濃度跟萃取率的關係之後，拉回到正在討論的濾杯上面，雖然飽和時間點相近，但是顆粒釋放的方式卻大相逕庭；KALITA 101 是台形的濾杯，顆粒釋放的方式不像 HARIO V60 一樣，是大部分的顆粒會一起釋放，KALITA 會是漸進式的釋放，雖然目標都是飽和，可是釋出的咖啡物質，卻會因為跟水結合的時間長短而不一，造就了風味上的不同，也奠定了濾杯因為外觀上的差別，而呈現出不一樣的風貌。

KALITA 101：

顆粒有順序的釋放，平均的釋出濃度，前中後段的香氣跟味道與水結合的時間，不會差距太多，雖然在顆粒飽和後給水方式，轉換成「給大水」的手法，但是因為台形濾杯的關係加上肋骨不明顯，即便利用了大水量的方式，滯留時間還是稍長一些，咖啡物質跟水結合時間拉長，萃取率上升，帶來了均衡的味道，持續性比較好。

先前一直沒提到的三孔設計，以常理來推斷的話，應該會幫助到流速，但是加上了濾紙跟咖啡顆粒後，就會產生變化；三個濾孔在沖煮上並沒有幫助到空氣的流動性，不夠紮實穩定的沖煮手法，在沖煮時無法讓顆粒均勻吃水的話，等於每一顆咖啡顆粒的排氣量是無法被控制的，整體濾杯內的空氣流動狀況就會有落差，分散

的氣體讓咖啡液藉由三個不同的濾孔萃取出來，抽取的力道無法集中，意味著濾杯的抽取力沒有提升。

HARIO V60：

圓錐狀的設計讓集中的粉層會大部分一起吃到水而釋放，代表前段香氣的揮發性分子跟水結合的時間特別長，所以前段香氣跟口感的展現特別強烈；飽和之後的萃取過程因為流速偏快，加上釋放的方式是以整體粉層一起釋放，後面釋放的咖啡物質還來不及與水作結合，就已達到設定的萃取量，讓整體呈現的風貌會強調在入口的強勁度，持續性反而會差一些；但是 HARIO V60 的特殊螺旋肋骨讓這樣的缺點有了適當的補償，加上萃取時間較短，入口風味強烈，即便是後段的風味較不完整還是讓 HARIO V60 大受歡迎。

為什麼這樣的結構可以彌補原有的缺點呢？

由於 HARIO V60 的圓錐設計加上明顯的弧形肋骨，下方的濾孔又偏大，如果肋骨的設計還是直線，會令水位下降速度變得更快，但是這樣的設計除了會讓水的路徑延長稍微增加顆粒跟水的結合時間之外，螺旋狀的肋骨還能讓水在下降的時候增加抽取力，藉以使顆粒釋出更多咖啡物質，讓喝起來的咖啡風味可以更完整。

詳細的分享了兩個經典的濾杯，配合著中間穿插的要點，最後搭配了感官的評量，確認風味上是沒有問題的；是不是利用了簡單又完整的手法來貫穿兩個濾杯的設計概念，還有檢視濃度跟萃取率的關係呢？現在以表格的方式，再一次統整，讓比對更清晰，更容易系統化。

	KALITA 101	HARIO V60
樣式	台形	錐形
流速	慢	快
粉層堆疊狀況	寬且分散	深但集中
釋放方式	漸進式釋放	大部分顆粒一起釋放
香氣	不突出但持久	強烈而明顯
口感	均衡口感佳，持續性好	入口強，回甘少。

藉由兩個經典濾杯的沖煮結果，我們來呼應一下稍早提及的三個重點：

❶ 肋骨的影響會造成風味上產生何種變化？

肋骨決定了空氣流動速度，也直接反映在水位下降速度，所以在 HARIO V60 所沖煮出來的咖啡風味都比較強烈！

❷ 濾孔大小直接影響的層面又是什麼？

濾孔大小與多寡跟萃取速度有關，說穿了也是水位下降速度。反觀 KALITA，雖然也有三個孔，但是肋骨不明顯導致三個濾孔無法發揮功能，所以可以釋出的物質就比 HARIO V60 來得少！

❸ 上寬下窄的方式與萃取的關係

上寬下窄同樣也是為了水位下降快速因應而生，目的也是為了釋出更多咖啡風味！

好了，路都已經開始走了，就要把它走完，剩下的幾個濾杯，當然也要徹底的拆解分析，從對比兩個經典濾杯的試驗中，已經可以看得出來一直反覆強調的「水位下降的速度」代表著一項極為重要的關鍵因素——味道的強度。

還記得 HARIO V60 因為流速很快，品嘗到的味道很強烈與直接，但是卻因為流速過快，咖啡物質還來不及跟水結合，就滴漏到承接咖啡液的下壺裡面，使得口感稍微單薄一些，持續性不夠好；KALITA 101 則是相反，水位下降速度稍慢，顆粒和水在濾杯裡結合的時間拉長，雖然入口的味道不突出，取而代之的是均衡的口感和回甘的尾韻。

所以這裡我們可以大膽假設，強烈風味的展現必須藉由水位下降的速度來呈現，但是過快的流速會製造出一項無可避免的問題——給予的熱水可能無法通過每一個咖啡顆粒，進而讓風味呈現的完整度下降，這正是 HARIO V60 最需要改善的地方。一般來說，我們都知道魚與熊掌不可兼得，HARIO V60 沖煮出來的咖啡，雖然入口的味道非常突出，可是咖啡的口感跟持續性卻明顯不足，甚至會有一種過於強烈的感受，沒有這

直筒

梯形

錐形

麼的滑順；KALITA 101 沖煮完畢後所呈現的咖啡恰巧顛倒過來，這本書想要讓大家貪心一些些，希望可以做到兩全其美，就是我要入口的味道夠強勁，可是也要飽滿滑順的口感覆蓋在舌頭上，厚實回甘的尾韻也能一併體驗，就是想要一杯好喝的咖啡，需要從哪裡修正改善呢？可以歸納出兩個要素：

❶ 能夠將風味萃取出來的良好水位下降速度

❷ 需要時間所堆疊出來的口感和尾韻

　　即將登場的兩個濾杯就擁有這樣的特性，保有著明顯的下降速度，又能兼顧著水滯留的時間，細部的結構上當然各有不同，能否真的加強前兩個濾杯各自所不夠的地方？讓我們繼續試驗下去吧！

咖啡大師的濾杯：三洋濾杯

　　濾杯結構設計的概念，應該已經由率先出場的兩個濾杯有了些微的雛形了，再來也是採分頭進行的方式，不過這次的解析將運用開門見山的作法，直接抓出書中不斷傳達的重點作為濾杯風味上呈現的預測。

　　相信有在接觸手沖咖啡的讀者們都知道三洋濾杯是由日本的咖啡大師——田口護先生和三洋產業共同設計製造的濾杯，也是人氣相當高的一款濾杯。

　　為什麼田口護先生會與三洋產業合作設計出這樣一個經典的濾杯呢？因為田口護先生本身也非常推崇HARIO V60 這個流速相當快的濾杯，不容易堵塞、好上手即便是新手也可以從容使用，以職人而言雖然可以藉由手法與經驗來控制水量和過快的流速，可是以HARIO V60 能呈現的風貌還是不夠完善，所以田口護先生才會萌生這樣的概念來設計濾杯，讓咖啡新手可以輕鬆沖一杯好咖啡，也讓職人藉由這個濾杯可以表現出更完整的咖啡風貌，爾後就有了三洋濾杯的誕生。

　　三洋濾杯跟 KALITA 101 同屬於台形濾杯的一種，從外形看來，已經可以察覺到有幾個部分有些許落差：

❶ 濾杯內側肋骨的部分厚度提高，從經驗法則得知空氣流動性變好，水位下降速度變快，咖啡入口的強度將會提高（圖 50）。

❷ 濾孔從三孔轉換成單孔，空氣的流動不會分散，匯集

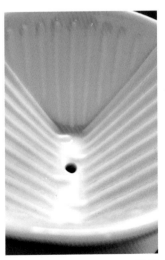

圖 50

圖 51

水的集中程度也能讓抽取的能力上升，釋出更多咖啡物質（圖 51）。

❸ 肋骨的厚度增加，結合單孔濾孔的設計，兩者會有相輔相成的效果，風味上的改變是可以期待的（圖 52）。

　　觀察濾杯的設計不單只是從單點去聯想，要從整體的架構去思考，細部的改變往往都會成為影響的關鍵，細節才是沖煮好咖啡的決勝點。

　　這邊需要稍微的強調一下，在此書裡面除了濾杯之外，其他的沖煮基礎設定都不做更動，就是為了使所做的沖煮測試結果更為客觀，沖煮完畢後一樣藉由「喝」來判斷是否推測的部分為真，品嘗咖啡這件事也是能真正反映書中所提及的概念是否符合我們所提出的論點，才能夠直接得證水位下降的速度，以及水與咖啡物質結合的時間是否實際會影響到咖啡風味的變化。

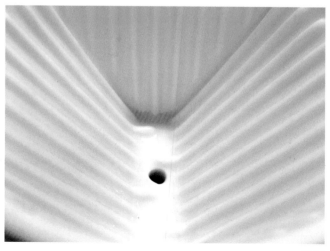

圖 52

給水

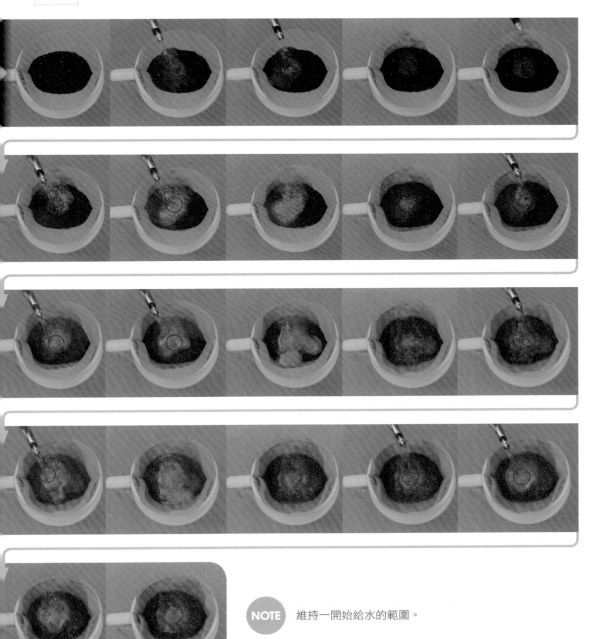

NOTE 維持一開始給水的範圍。

鋪水

NOTE

鋪水過程,是針對表面
未吃水的顆粒給水。

給大水

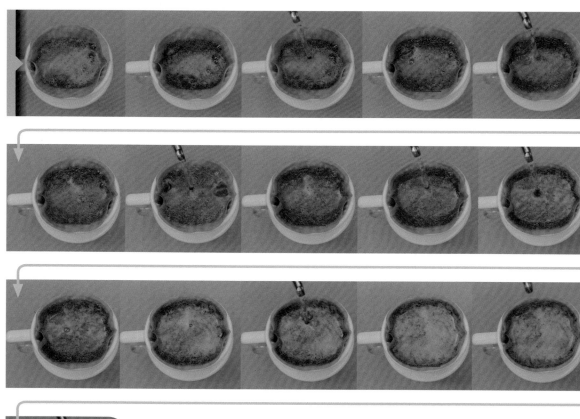

NOTE：水位一樣逐次漸高,維持一定的下降速度。

　　品嘗咖啡之前，讀者們是否又從沖煮的過程中留意到什麼小細節呢？提出一點挺有趣的地方，顆粒飽和的時間點還是一樣很相近，為什麼三個不同濾杯的飽和時間點會這麼接近，是不是代表著接下來的沖煮試驗都會顯示出一樣的狀況呢？這樣的結果到底透露什麼訊息？先把這個狀況記錄下來，留到一個合適的時機點，書中會為這個現象做一個總結，再一併說明，數據累積的量要多，質要好才能更有說服力，才會有客觀存在的價值。

　　喝一口咖啡吧！三洋濾杯所沖煮出來的咖啡液體看起來跟前兩個又有點不太一樣，咖啡液的顏色介於兩者之間，一入口之後，舌尖馬上感受到頗為強勁的咖啡味，與 HARIO V60 不同的是，風味的持續性有了，尾韻的飽滿程度多了，咖啡的濃醇香都跑出來了，但是，好像就差這麼臨門一腳，尾韻的部分還是少了這麼一點。

　　品嘗的過程中，風味呈現的方式跟我們從外觀推論的結果很相近，也是我們想得到的結果，能否跟濾杯的構造連貫起來？這裡為大家循序漸進的解說。

　　從沖煮的過程當中可以發現，因為是台形濾杯，所以從第一次給水開始觀察顆粒狀態的時候，水接觸到咖啡顆粒的體積一樣有限，跟錐形的濾杯比較起來就是少了一些；可是肋骨的改變加乘上單個濾孔的設計，讓空氣的流動較為集中，水位下降速度跟 KALITA 101 相比之下快上不少，導致入口味道上的感受比它強很多，

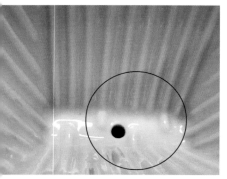

圖 56

圖 57

表示味道的質與量堆疊得更多，也等於萃取力上升，即便每一次吃水的比例沒辦法像錐形濾杯一樣多，還是都能有效率的萃取出咖啡物質。

這個段落清楚了顯示水位下降速度的重要性，也呼應了訓練中心的觀點。

濾杯底部面較為寬廣的設計結合了延伸的肋骨則為良好的流速留了伏筆，讓水滯留在濾杯的時間延長，得以與咖啡物質做結合，帶來的好處是相對紮實的口感以及一定程度的尾韻，這部分從品咖啡的過程中明顯的感受到。

梯田的作用

左圖紅圈的部分（圖56）明顯看見肋骨已經延伸至底部，到現在為止三洋濾杯不管是肋骨的長度、厚度以及間距都非常足夠，這些資訊讓我們可以得知濾杯的空氣導流會相當不錯，意味著水位的下降速度將會很足夠，但是，前文提過，下降速度需要的是適中而不是過快，應該要適時的減緩水位的下降速度，來確保水可以通過每一個顆粒。

再回頭來看紅圈的部分，底部的肋骨排列呈現一個有趣的組合——「像是梯田般的設計」，這個特殊的排列方式可以延長水的行進路線，當水位拉高的時候，可以有效延遲水位的下降速度，藉以增加咖啡物質與水的結合時間；但是此設計像是兩面刃一般，梯田般的肋

骨的確會讓水的路徑有效的延長，但是當水位下降到與顆粒高度接近時反而會成為了一個缺陷——流速過慢，原因在於水量少的時候水壓下降，搭配著梯田般的肋骨，讓水的滯留時間在此時會過長，這也是三洋濾杯尾韻的飽滿跟延伸性無法持續的原因。

延續稍早的問題，在三洋濾杯裡有了更踏實的答案，就是在同為台型濾杯的三洋與 KALITA ，三洋的水位下降速度明顯比 KALITA 要迅速，但是三洋卻只有一個濾孔，而這也再一次驗證肋骨對於空氣流動的重要性，而濾孔只是延伸空氣流動的作用。而濾孔越多只會干擾空氣路徑而已！

目前為止，貌似合宜的水位下降速度和時間所帶來的口感，都反應在品嘗咖啡的時候，也符合了前段內容的推理，實際上佐證越多就越能夠鞏固並加深書中分享的理念；打鐵就要趁熱，讓我們趕緊先介紹下一個濾杯，第四個濾杯已經摩拳擦掌了，完結這個濾杯之後，會總結一些還未解釋的問題，我也等不及要讓各位知道更多濾杯上的細節所產生風味上的差異性。

咖啡濾杯的始祖 MELITTA

說明此濾杯之前,要先讓各位知道現在之所以有這麼多款式的濾杯產生,要先歸功於 Melitta 濾杯的發明者 Melitta Bentz 女士,此品牌的濾杯是由她於 1908 年所研發出來,也是世界上第一個咖啡濾杯,爾後才會陸續推出更多的濾杯,回歸到 Melitta SF1x1,一樣從濾杯的外形談起。

Melitta SF1x1 跟 KALITA 101 與三洋濾杯相同,同為台形的濾杯,外觀猛一看與方才介紹的三洋濾杯有點相似,嘗試著尋找出相異點來

❶ 內側肋骨的部分,一樣保有代表著良好空氣流動的厚度,但是肋骨彼此之間的距離卻太相近了,是否會造成流速的延伸性沒有三洋濾杯好?（圖58）

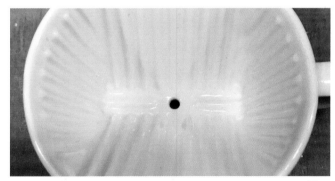

圖 58

❷ 同樣的單孔設計,明顯地也是要讓抽取的能力提高,倒過來觀察,底部的部分呈現凸狀,是否代表著正面是凹狀呢?（圖59）

圖 59

❸ 整體濾杯的開口很廣，與圓錐的概念有點類似，在底
　部的呈現則以細窄為主，從這點來看下降的速度會
　很集中。（圖 60）

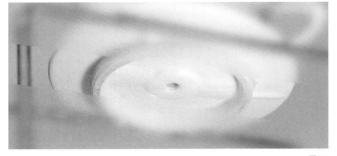

圖 60

　　又到了推理的時間了，綜合以上三點探討，試著
將之合併起來做一個概述，清楚分明的肋骨雖然間距之
間太過於緊密，但是單孔的設計，以及整體外觀採用接
近上圓下窄這樣集中式的架構，水位下降速度跟三洋濾
杯相比下或許會稍慢，但是瞬間下降的力道可能會為這
缺點做了相對的補足，另一項微妙的地方則是，流速稍
慢帶來的好處，是不是變成了咖啡物質與水結合的時間
拉長呢？

Melitta 給水

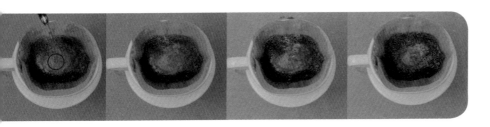

 維持小範圍會更容易讓未吃水的顆粒吃飽水。

Melitta 鋪水

NOTE 針對表層未吃水的顆粒進行繞圈,但此時水位還不需要漸高。

Melitta 給大水

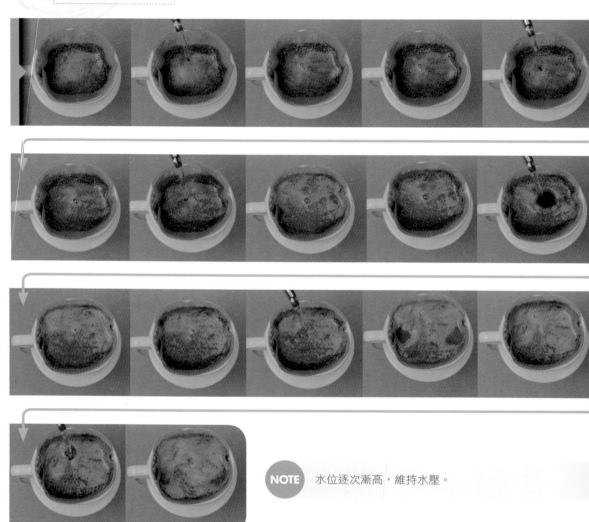

NOTE 水位逐次漸高，維持水壓。

又結束了一個濾杯的沖煮測試了。觀察整個沖煮的過程，同樣有趣的事情又發生了，顆粒飽和的時間點還是一樣很接近，當一件事情接二連三的發生時，就不能稱之為巧合，而是事實，需要揭露給各位的事實。

手沖咖啡的萃取能力

　　舌頭就是我們的數據來源，先喝一口咖啡，一入口帶來的是明顯強烈的咖啡風味，渾厚紮實的口感隨之而來，不同的是飽滿回甘的尾韻，比起三洋濾杯更是有過之而無不及，整體風味上的呈現又更加完整了，細節的不同造就了結果的不同，小地方的修正讓差異性徹頭徹尾的呈現出來。勞苦功高的小地方也需要被我們提出來讚美一番才行。

　　濾杯的開口寬廣連接著狹窄的底部，表示著相對集中的粉層，雖然是台形的濾杯卻可以讓顆粒吃水比例大大提高，從第一次給水開始看起的話，整體咖啡顆粒接觸熱水的體積，比起前兩個台形濾杯來得多，雖然肋骨間距的部分沒有三洋濾杯來得寬，導致水位下降速度稍慢一些，卻可以利用整體吃水的比例高來增加此時的優勢，顆粒一瞬間釋出量更多；然後集中的底部設計，加上一個極為重要的小巧思——下凹的底部設計概念，讓水位下降時，可以加速抽取咖啡物質的作用，使得肋骨間距小所產生的缺陷就顯得微不足道了；需要流速快才能呈現的強烈入口風味，也藉由著這出乎意料外不起眼的小細節給表現出來；又因為整體水位下降速度比三洋濾杯來得稍慢一點，水與咖啡物質結合時間拉長，讓整體的口感尾韻回甘比起三洋濾杯來得更持久，強度上又不輸給三洋濾杯，讓 Melitta SF1x1 這個濾杯呈現的咖啡風味是均衡，強度夠，持續性佳而綿長，截長補短了上述三個濾杯的優缺點。

　　再回來探討飽和的時間點，為什麼不一樣的濾杯顆粒飽和的時間點會如此接近？其實這裡面要透露的訊

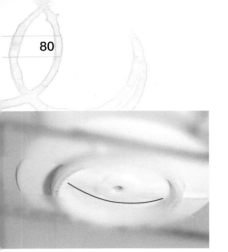

紅線處可以看得出來底部的部分是呈現一個微微的下凹狀，這樣的細節會產生一些效果，會讓濾杯往下抽取的力量上升，下凹的設計讓堆疊的咖啡顆粒產生空隙阻力變小，等於又影響到流速，一個枝微末節的小地方，產生相對大的影響，就會讓結果完全不同。

息也是很多人可能會忽略的訊息是，利用手沖壺給水除了要符合我們期望的三大要點之外，他也代表讓顆粒飽和的方式正確和加速顆粒飽和，跟顆粒釋出多少的咖啡物質關連性並不強，這也可以解釋，為何飽和的時間點相近，可是味道喝起來的感受卻完全不同。

把上述那段話條列式說明，會更清楚：

❶ 給水的手法幫助顆粒飽和

❷ 濾杯的結構設計幫助顆粒釋出咖啡物質

以四個已經試驗的濾杯為例，我們先以簡單的方式來判斷飽和的時機點，什麼樣的狀態可以判斷顆粒已經飽和？還記得我們說顆粒吸水會變重，變重的顆粒往下沉的速度變快，以第一階段不敗的手法來沖煮時，給水的量並不多，加上接近飽和顆粒的比重已經大於水了，顆粒吸水的狀況沒有初期來得好，自然水位會上升得非常快，當水位上升快速的這個狀態，就是說明顆粒已經飽和到需要轉換給水的方式了。

到目前為止，相信各位應該有了基礎概念：不同的濾杯會對應到不同的水位下降速度，既然是這樣，飽和的時間點應該會有相當的落差才對，結果反映出來卻是：四個濾杯飽和的時間點接近，產生劇烈變化的，反倒是飽和之後才開始，飽和前所萃取的咖啡液品嘗起來雖然會有所不同，還是會呈現該濾杯的特色，唯顆粒釋出的功能會在顆粒飽和之後才出現交叉點；飽和的顆粒不等於停止釋出咖啡物質，假設在此時就已經停止釋

出，那就不需要設定的萃取量了，直接注入熱水到目標量即可，但是兩者所呈現的風貌卻完全不同。這時候濾杯的價值會在這個時間點展露無遺，擁有良好的下降速度或是稱作為好的抽取能力，又能提供足夠的時間讓咖啡顆粒跟水做結合的濾杯，就越能夠呈現出咖啡豆的本質和沖煮出來的風味。

再重新整理一下，手沖咖啡的呈現是：

❶ 第一口訣：注水，代表的含意是整體咖啡顆粒濃度上釋放的完整程度，風味的強弱在此決定。

❷ 第二口訣：鋪水，意味著表面咖啡顆粒的釋放。

❸ 第三口訣：給大水，調整濃度，口感的堆疊和持續性的鑑別度是以這階段為分水嶺。

一項很關鍵的重點上文已經揭露出來了，最後再幫各位稍微整理一下已經分析的四個濾杯的特性，下頁有一張圖表清楚的可以分辨出來各個濾杯的優缺點。

為什麼會特地選擇這四款濾杯呢？

原因很簡單，除了它們都是很經典、具有代表性的濾杯之外，容易購買和曝光率很高也是挑選的關鍵，這樣可以讓有興趣的各位毫無困難的取得這幾種濾杯，也讓本來就有卻不太了解濾杯功能的使用者也可以嘗試看看訓練中心的測試方式，看得到的結果與先前的手沖方式相比之下，可不可以擦出新的火花來，得到和原本不一樣的結果。

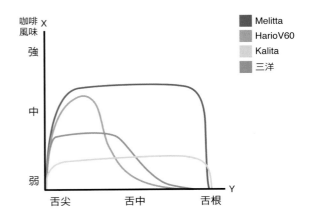

縱軸代表入口咖啡味道的強度，橫軸則是口感跟味道的持續性，代表的是舌頭感受的區域，由左至右分別是舌尖到舌根的位置。由圖表可以更清晰的看出來四個濾杯分別所代表的特性。

Melitta SF 1x1 的表現最為均衡，無論是口感的延伸或是入口的強度都很不錯。

	KALITA 101	HARIO V60
樣式	台形	錐形
濾孔	三孔	單孔
肋骨	上下各 9 條／ 左右各 11 條	長短各 12 條
	共 40 條	共 24 條
	溝槽淺	溝槽深

　　HARIO V60 則是入口表現強烈，後勁無力，口感沒辦法維持太久。

　　KALITAL101 就討不到任何便宜，各方面的表現都不突出。

　　三洋濾杯中規中矩的呈現，倒也是個不錯的選擇。青菜蘿蔔各有所好，客觀的解析濾杯的功能和它所呈現的風貌是訓練中心的理念之一，不多做進一步的評論或是建議，目的只是在於歸納每個濾杯的功能，讓使用者可以衡量自身的預算、味道上的偏好來選擇濾杯才是重點。

　　已經介紹四個濾杯了，各個都是經典，美中不足的地方是台形占了三個，貌似訓練中心很偏心台形濾杯，所以下一個登上檯面的將會是錐形濾杯，讓天秤的兩端稍稍的平衡一下。

三洋	Melitta　SF-T 1X1
台形	台形
單孔	單孔
上下左右各 9 條	上下左右各 9 條
共 36 條	共 36 條
溝槽深	溝槽深

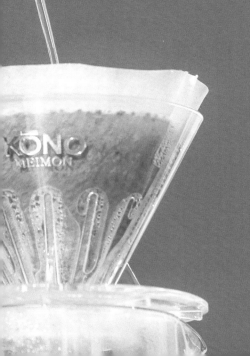

PART 4

劃時代的濾杯 KONO

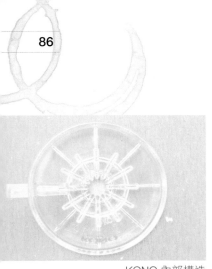

KONO 內部構造

KONO

HARIO V60

前四個已經分析的濾杯將給水的概念、顆粒的飽和、濾杯的結構都說明得非常清晰明白了；不管是台形或是錐形的濾杯，討論著重的不外乎都是環繞在肋骨上面，藉由這項關鍵的設計呈現出咖啡的風味，假設今天不是藉由肋骨的功能讓咖啡的味道展現的話有可能嗎？第五個要介紹的濾杯就是擁有如此特殊萃取方式的濾杯—來自日本的河野 KONO 濾杯。

一個很特別的詞彙「氣壓式萃取」說明河野 KONO 是一個特殊存在的濾杯，為什麼會說是氣壓式的萃取呢？先從樣式來看 KONO 濾杯，與 HARIO V60 相同屬於圓錐形濾杯，內部構造卻完全不一樣，首先先注意到的是肋骨的部分，線形的肋骨構造，而且肋骨只從濾杯的三分之一處開始然後延伸至濾杯底部，有趣的是濾杯上半部的三分之二都是平滑的表面，跟先前四個濾杯相較之下落差不小，也因為這樣的設計才會造就如此特殊的氣壓式的萃取。接下來就讓我們娓娓道來。

先嘗試從外觀分析這個不一樣的濾杯，我們可以從三個面向來討論：

直條的肋骨搭上錐形濾杯的設計，是不是水位下降速度可能會過快，沒有足夠的時間讓水與顆粒結合會造成口感不足。

濾杯上半部光滑的表面，會因為咖啡濾紙沾水之後服貼在濾杯上面，導致空氣的流動變得極差無比。

濾紙放入濾杯後，底部濾紙的部分會外露大約一公分左右。（圖66）

　　綜合以上三個因素會呈現出什麼樣的咖啡呢？前文提到 KONO 是一個特殊形式的濾杯，所以這次的沖煮測試會將前面介紹過的 HARIO V60 也一同帶入，來一起做沖煮測試，藉由這樣的方法比較兩個同是錐形的濾杯，差異性也能簡單的辨別出來。首先以相同的手法沖煮測試。

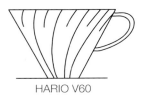

HARIO V60

　　訓練中心將兩個不同樣式的錐形濾杯做比對，除了增加沖煮測試的趣味之外，主要也是想藉由兩者的不同，將萃取的概念和給水的重點再加以強化，讓使用者可以反覆的檢視自己的問題，這樣才能回到問題的根本，抓出濾杯之間的差異性。

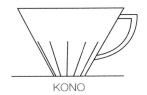

KONO

　　先以右方示意圖簡單帶入兩個濾杯的結構設計，再搭配上文字的解說，會更容易在腦海中產生出畫面。

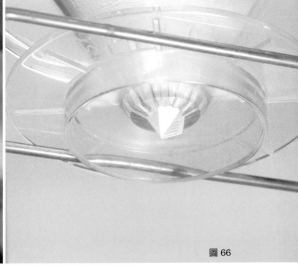

圖 66

　　「失敗為成功之母。」很過時的一句話，在沖煮上卻很實用，相信大部分人的經驗都是由生手做不好，再逐漸熟練到「熟能生巧」，咖啡亦是如此，沒有人可以一夜之間變成咖啡職人，每一個沖煮問題的產生都是成為職人的一小步，每個問題都會提供一些線索幫助我們思考，再從問題中去尋找答案，會得到很多意想不到的反饋。

　　與其開門見山的說「萬用的手法」不適合這個濾杯，不如深入研究原因，懂得為什麼錯，那才能往對的方向前進。這次的沖煮測試會探討為什麼萬用手法不適合這樣概念的濾杯，凡事總有個萬一，即便看起來是合情合理的沖煮理論也會碰到壁的，但是別忘記了顆粒應該有的吃水模式，從此方向去切入的話，路會寬廣一些，分析如下：

給水

　　KONO：表面看起來與 HARIO V60 差異不大，但是因為沒肋骨的地方會阻礙熱空氣向上導流的空間，造成水的流動性非常差，即使外觀看起來相異不大，但是水跟顆粒都只是在濾杯的空間裡面滯留，容易造成浸泡過度。

　　HARIO V60：良好的排氣結構，錐形濾杯讓有顆粒吃水的比例一開始就很好。

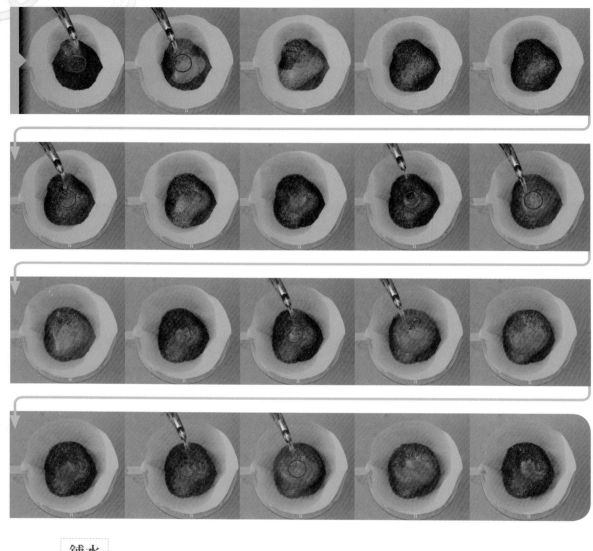

鋪水

KONO：咖啡粉的狀態看似相差不大，有一定的水位下降速度；但因為排氣狀況不好，加上濾紙會因為給水次數增加，沾濕的面積會逐漸擴大，漸漸的服貼在濾杯周圍，以致空氣的流通越來越差，變成即使有一定的下降速度，可是萃取能力並不好，露出底部的濾紙也會讓水累積在此，水量一直累積的結果會讓大部分的顆粒開始浸泡過度，並且可以清楚的觀察出，飽和的時間很快，不需要給水太多次，水位就會開始累積並且快速上升。

HARIO V60：延續著第一次給水狀況，在前幾次給水會讓大部分顆粒吃到水，吃飽水的比例也會隨著給水次數提高逐漸向上攀升，只要在水位下降速度明顯變緩時就可以進行繞圈，針對表面尚未吃飽水的顆粒給水。

開始大幅度的給水

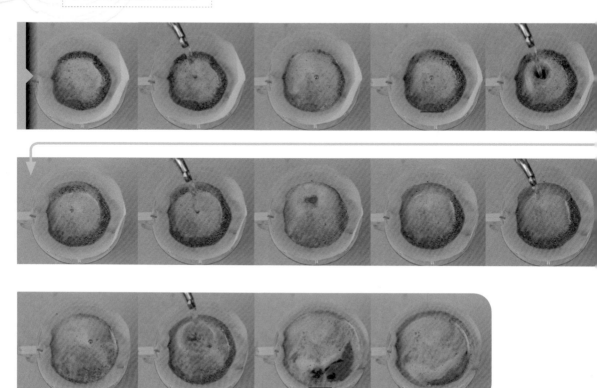

KONO：會發現水位逐漸高的狀況下，因為排氣的狀況依舊不好，空氣沒有好的導流，即使是錐形濾杯的結構，擁有良好的流速，卻沒辦法利用這個優勢讓咖啡物質溶出，只是不斷的浸泡到目標的萃取量。

HARIO V60：就如同之前的沖煮一樣，盡情的給水，這時候 HARIO V60 的良好的排氣結構優勢，加上螺旋狀的肋骨結構，順利的萃取到目標劑量。

HARIO V60 的部分我們用重點式的方式簡單帶過，味道上的呈現也符合先前沖煮後的結果，強烈、奔放的風味，但是味道的持續性跟口感還是此濾杯的劣勢。

KONO 的沖煮結果，可以預料的是，味道上可能充滿了缺點，讓我們先喝一口看看吧；果不其然，風味不佳，澀感明顯，也沒有好咖啡該擁有的滑順感。

試喝結果毫不意外，味道也從上面的文字中描述出來了，但是訓練中心不僅僅是想要跟各位說明原因，重要的是從中找問題的重點，開始沙盤推演，找出正確的沖煮手法後，再進行一次沖煮測試。

產生缺點的咖啡代表什麼？

❶ 告訴我們顆粒的吃水過程不完全，導致產生雜味，產生缺點。

❷ 利用這樣的觀念延伸成手法不對，所以顆粒吃水不完全，導致萬用手法失效。

開始重新剖析濾杯的構造，避開第一次沖煮產生的缺點，導入正確的顆粒吃水模式，重新測試一次，一樣使用條列式的說明，讓修正的面向更清晰，然後其實給水主要只分成三個階段；給水、鋪水、給大水，從這三個地方做改善，等於將手法不對的部分給轉換了。

❶ 稍短的肋骨搭上光滑的濾杯表面，造成排氣狀況不好，水量給予過多容易造成顆粒浸泡過度，所以給水模式改變成：給水→滴水，從中心開始用滴水的方式減低顆粒排氣的狀況，讓水更容易進入顆粒裡面，此時觀察顆粒的表面，當表面的顆粒出現泡沫而不是顆粒的狀態時，要適時的加大一些水量，不間斷的進行沖煮；持續觀察表面的顆粒，會發現開始由中間往外擴散，像是一個小蘑菇狀態，這時候也需要開始注意承接咖啡液體的下壺，會從滴水狀慢慢變成小水柱，此時重點來了，馬上要停止給水了。

NOTE 產生小水柱就停止給水的原因是，以滴水的方式，會讓顆粒吃飽水的狀況提升（用少量的水就讓顆粒飽和）濾紙也因為沾濕早已密合在濾杯上，加上顆粒彼此之間在有限的排氣狀態下製造出空隙，產生水柱，所以此時的水柱代表了大部分顆粒的飽和，空氣的導流剩下肋骨底下的部分，所以水柱的抽取能力會相當好，一瞬間會帶出許多咖啡物質。

讓水更容易進入顆粒裡面

不間斷的進行沖煮

 要持續維持有顆粒浮出來的狀態，所以給水會從一開始的水滴漸漸轉成水柱，直到萃取下來的水量產生小水柱。

針對未吃水的顆粒進行給水，使之飽和

❷ 第二個步驟變化並不大，等到濾杯中的水停止落到下壺裡面，一樣用
繞圈的方式給水，水柱需要小一點，一樣針對未吃水的顆粒進行給水，
使之飽和。

萃取

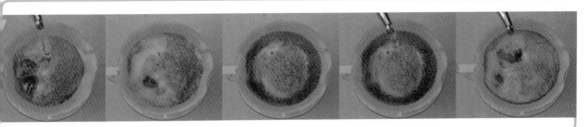

❸ 一樣的判斷狀況，濾杯中的水會慢慢從水柱狀變成水滴狀，接近停止時，就要開始給大水了，也是 KONO 濾杯最重要的概念，氣壓式的萃取就在這裡呈現出來；一樣使用給大水的模式，但是從圓錐不漸高的水位方式→直接拉高到濾杯的一半；服貼的濾紙配合突然拉高的水位，加上圓錐形的構造，濾杯空氣的流動又只集中在下半部的肋骨空間中，此時足夠的水壓會讓向下抽取的力道大幅度提升，一次性將顆粒中的咖啡物質萃取出來；記得露出濾杯底部的濾紙嗎？也會在此時產生功用，延長顆粒與水的總結合時間，讓口感的飽和程度大幅度提升，接下來只需要反覆的給水到濾杯一半的位置就可以，等到水位下降速度變慢，給水的量直接到達濾杯的頂部維持水壓，讓氣壓式的萃取繼續產生，然後到設定的萃取量即可。

NOTE 貼心小提醒，露出濾杯底部的濾紙其實是一個非常重要的環節，要是凸出底部的部分過少的話，會讓整體空氣的流動性變得更差，堆積的水會不斷讓顆粒浸泡在水中，產生不好的風味，筆者的經驗是 KONO 濾杯已經是最大的極限了，在短可能風險會提高。

修正後的手法喝起來的味道怎麼樣呢？能夠改善第一次沖煮測試產生的缺點嗎？一樣先喝口咖啡吧！

一入口感覺不到非常強烈的風味，但是滑順感非常好，口感飽滿，尾韻紮實，味道持續性非常好，缺陷也都消失了，跟同為錐形濾杯的 HARIO V60 完全不一樣，呈現的風貌居然相差這麼多，體會到的風味簡直南轅北轍；這就是 KONO 濾杯的特性，回想一下每一次的萃取是不是都是一次性的釋放，所以咖啡物質跟水結合的程度相當好，口感尾韻持續性都會展現的很完美，兩個不同的錐形濾杯，卻有如此大的差異。

回頭檢視一下萃取是不是符合給水的三大要素：

❶ 第一階段給水的時候利用滴水替代水柱的方式，降低排氣狀況，避免顆粒因為空氣流動性不好，吃水難度提高→符合。

❷ 第一階段滴水會因為顆粒吃水狀況改變，逐漸加大滴水的量，變成小水柱，避免讓表面顆粒重複吃水，等於每一次給水都要讓新的顆粒吃水→符合。

❸ 第三階段給大水時，增加水壓的時候，會等到水位下降速度變慢後才繼續注水，是為了不讓顆粒靜止不

動，等同於浸泡→符合。

　　真正解析後，發現每次的給水，其實都還是符合
給水的三大要素，但是因為 KONO 濾杯極為特殊的設
計，使得萬用的手法需要做一些更動，可是眼尖的各位
會知道，訓練中心一直環繞在顆粒吃水的重點以及給水
的要素上，就是為了讓正確的沖煮概念可以一直的被延
伸跟利用，藉以貫穿整個濾杯的結構，應用至沖煮上。

進化的 1、2 與 3 代

KONO 一代

KONO 二代

 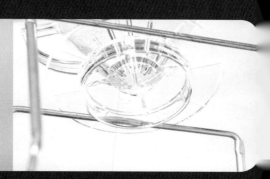

KONO 三代（90 週年）

　　看完了河野 KONO 之後，對於咖啡、水和濾杯的架構是否又有更深一層的了解呢？熱愛咖啡或是一腳已經踏入咖啡世界的讀者們，在「煮咖啡」這件事上絕對不要畫地自限，根深柢固的觀念也是有機會被打破的，唯一不變的是顆粒吃水的原則，河野 KONO 濾杯是一個絕佳的範例。當沖煮碰壁時，整理一下思緒，別一古腦兒不知變通，只需要將沖煮咖啡的關鍵要素一項一項的排列出來，會為沖煮這件事情帶來完全不同的面貌。

　　河野 KONO 濾杯，是一個濾杯演化的概念股，他不單只有前文介紹的一種而已，主要的濾杯樣式共有三種，顯而易見，此章節要談的即是另外兩種了，會以修正的面向來探討，讓我們繼續讀下去。

　　左圖由上至下分別為，一代、二代和三代，前文提到的部分為中間二代的 KONO 濾杯，每次的改版都有做了一些修正，工具書的意義，是為了讓讀者輕鬆寫意的吸收、閱讀，所以以下採用表格的方式做比對：

	一代	二代	三代（90 週年）
肋骨	濾杯一半	濾杯三分之一	濾杯四分之一
下環	小	大	大
肋骨延伸	至底部	至底部	超出底部約 0.6cm

　　已經先列舉出來不同之處了，訓練中心需要做的就是將這三個濾杯之間的差異一網打盡，然後再各個擊破。

對於二代濾杯的架構，讀者們應該都還記憶猶新，在改善的過程中，找到缺點會比發揮優點來的重要，運用鷹眼般的洞察力，來玩個大家來找碴，就是解說這三代濾杯的重要手段了。

❶ **肋骨**：從一代開始，肋骨的部分就不是涵蓋整個濾杯，可以注意到，肋骨設計的長度是逐漸變短，甚至到了三代，肋骨不但縮短而且厚度也修薄；從一代的架構看來，河野 KONO 的沖煮指標從一開始就是以飽滿的口感為前提。

❷ **下環的部分**：從只有直徑約五公分的下環，直接擴展到二代約六點五公分，這結構跟玻璃下壺就有很大的關係，另外下環的周圍都會有延伸的凸起物，這兩件事是息息相關的；從一代看起來下環的直徑過小，放入下環物之後開放的空間過多，等於空氣消散的快，對於維持獨特的萃取方式會造成影響，所以從二代開始，直徑的部分，就直接擴大至與玻璃下壺幾乎一樣。

❸ **肋骨延伸處**：到三代的時候，肋骨的延伸直接穿透的底部，向外延伸約零點六公分，開口處相對就會縮小，製造出更強力的抽取力。

歸納完上述三點之後，不免俗的長篇大論又該出現了：河野 KONO 因為肋骨的構造並沒有涵蓋整個濾杯，濾杯光滑面積的範圍，會直接影響到氣壓式萃取的時機點，所以每一次的修正，都朝向改短的方向，除

了避免顆粒在排氣不順的空間裡面浸泡，也為了讓氣壓
式的萃取可以更早發生，提高咖啡口感飽滿的程度；下
環的改變可以防止下壺空氣替換得快，在直徑的地方大
幅度做了修正，幾乎跟玻璃下壺是密合的狀態了，此修
改可以穩定熱空氣在內部的量，提供相對穩定的抽取
力，順帶一提，沒有完全密合和下環周圍的延伸的部分
都是讓空氣能夠流動，以防樹脂的構造會讓水蒸氣附著
在表面與下壺完全密合；最後，第三代肋骨延伸的長度
直接外凸穿過底部，讓水流可以更加集中，配合到變薄
的肋骨，氣壓式萃取的提早，相乘之下會提高整個抽取
能量。

　　一個模式的濾杯做了多次的修正，都是為了萃取
出更完整的風味，適當的改變讓萃取咖啡變得更容易，
也更好上手，就好比刀具、飯鍋、烤箱等，亙古不變的
是都讓使用者使用起來更便捷、更省力，創造出物有所
值的概念。

PART 5

給水就可以喝的
咖啡濾杯
SEED TO DRIPPER

醜小鴨濾杯的誕生

發想

　　手沖咖啡的架構是訓練中心好幾年來不斷累積的成果，每一個環節都是需要數以百計的練習與測試才能夠確認，濾杯、手法，顆粒與水，簡單的幾個字詞代表的是整個手沖咖啡觀念；熱情是讓訓練中心堅持下去的重要信念，憑藉著一股想要讓咖啡世界蔓延至更多人的想法，加上抱著台灣也是可以製造出優質產品的心，所以有了想要研發濾杯的概念，結合了教學的經驗和對咖啡濾杯的見解，便逐步將腦海中尚未成形的那塊拼圖，慢慢拼湊出來。

設計概念

　　好的口感，一直以來都是訓練中心想呈現的主軸之一，以這個概念為主體延伸下去設計，就是濾杯的主要架構；而集思廣益就是創造濾杯的最好方式，多年的教學經驗和投入的心力讓訓練中心對於濾杯的解析分析可以說是駕輕就熟，在設計的階段，我們試著找出每一種功能大於一的構造來組合這個不敗的濾杯，每一處的細節都是精心考量後的結果，接下來就是拼圖遊戲，首先來大部拆解，裝機完畢之後再上膛作戰。請各位往下看：

❶ 首先，先創造入口的風味，第一印象永遠是重要的，利用風味的豐富性來吸引人的味蕾；風味的第一要素是良好水位的下降速度，外形上圓錐式的造形就會是不二選擇了。

❷ 其次，當入口風味的強度有了，接下來需要的是風味的完整性，台形的構造會延長水滯留的時間，確保水會經過每一個顆粒；綜合這兩項要素，訓練中心破天荒的做了一個大膽的實驗，將兩者合併，呈現會如下圖所示：

利用右方示意圖可以觀察到頂端開口的部分利用圓錐式（A）的良好流速以及粉層集（B）中的概念，結合台形濾杯的身體（C），緩衝流速過快的問題，巧妙的將風味上的強度和完整性給連接起來，風味的處理先告一個段落。

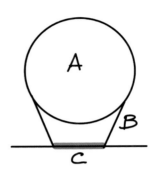

接下來重點在於肋骨上面，一般來說，台型濾杯肋骨的兩側功能是相對少的，空氣會朝順暢的地方流動，以台形的身體放置圓錐式的肋骨會讓空氣流動得更為平均，意味著水的流動性會更好，減少單一顆粒阻塞的機會也連帶影響瞬間萃取的量。

再來就是口感的延續性，飽滿的口感是因為顆粒和水結合的時間夠久，加上瞬間咖啡濾杯的抽取力夠強勁，把咖啡物質溶解出來，所以：

❶ 延續台形濾杯的身體，將底部的構造縮窄，單一濾孔的設計確保水匯集時力量可以集中，跟風味的設計會環環相扣，圓錐式的開口配上台形的身體加上底部，咖啡粉層接觸熱水的體積會更大，台形濾孔的設計方式也會有效拉長顆粒與水的結合時間，口感的延續性就容易呈現出來。

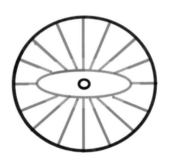

台形的身體放置圓錐式的肋骨會讓空氣流動的更為平均

將底部的構造縮窄

台型濾杯而言肋骨的兩側功能相對少

濾杯底部兩端有墊高的小台子

❷ 瞬間抽取力的良好典範就是河野 KONO，擁有飽滿的口感，訓練中心在此用了一個很獨到的方式設計，反向思考讓肋骨的延伸，從頂端到身體的四分之三左右，剩下的四分之一都是平滑的表面，底部的地方除了有兩個凸起的小點之外，還可以清楚的發現濾杯底部兩端有墊高的小台子。

　　一樣從示意圖上可以清楚的看出來，此部分在外觀上是如何設計，而這個部分是整個濾杯的菁華所在，圓錐形的開口結合台形的身體就不著墨太多，意圖很明顯，就是要確保空氣流動性一致，又能有既定的時間讓顆粒與水做結合製造出口感；底部的構造是訓練中心將好濾杯的概念濃縮之後，加以實踐的實驗性產物。

❶ 看到底部兩側墊高的台子和凸起的小點（圖81），這地方有效的讓濾紙做一個浮空的狀態（圖82），置入濾紙之後可以隔離出一個小空間（圖83），這代表什麼？就是變相的氣壓式萃取，當熱水開始接觸到下層的咖啡粉之後，濾杯兩側墊高的小台子上方也是平滑的表面，意味著濾紙將會徹底服貼（圖84），空氣的流動出口只剩下下方的濾孔，底部騰空的空間

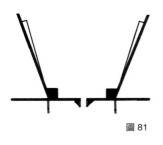

圖 81

圖 82

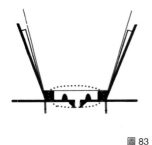

圖 83

圖 84

就會創造出強烈的抽取能力，使咖啡物質一次性的被溶解出來，將此萃取方式設計在底部，在一開始進行萃取時就能夠有效率的展現出來。

❷ 騰出的空間是一石二鳥的獨創性結構，底部的空間除了利用壓差製造出很棒的抽取能力之外，已被萃取出的咖啡液體，也會經由這個小空間再流至承接咖啡液的下壺中（圖 85），讓咖啡液體不需要長時間的浸泡在咖啡顆粒裡面，減少浸泡的機會。

❸ 濾杯下半部還有兩個小巧思的存在，一是兩側墊高的小台子比凸起的小點來得高一些，濾紙放入之後除了讓空間獨立出來之外，這個微妙的高低落差會在

圖 85

圖 86

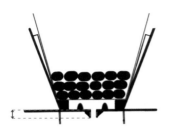

圖 87

顆粒吃水變重時（圖86），讓顆粒的排列組合做了小小的變化，將呈現一個微微的缽狀，表示阻力會比底部顆粒是平面的組合來得小，同時也減低了阻塞，也就是浸泡的機率；二則是濾孔的深度比一般濾杯來得深（圖87），作用是在於可以穩定萃取的水柱，不會因為外部空氣的回流產生萃取的落差。

對整體濾杯的架構已經作了詳盡解說，先回想一下此書不間斷的強調，濾杯是需要將全部的構造都放進沖煮的系統裡面，而不是看單一的結構，所以拼圖遊戲開始了，試著跟著訓練中心將四散的拼圖碎片放在濾杯的框架裡，組合成一個不敗的濾杯。

拼圖的框架裡，誰會先被找出來？

第一步驟，先嘗試著搜索出四個角落的碎片，圓錐式的開口結合上圓錐式肋骨擺放方式，整個濾杯的身體和底部萃取液的出口採用台形的架構，讓水可以經過每一個咖啡顆粒（圖88），就能夠畫出一個兼併著口感與香氣雛形的濾杯。

第二步驟，尋找框架延伸到中心周圍的圖案，利

用著狹窄的底部設計，連接著巧妙的底部平滑表面（圖89），優點是會讓整體顆粒吸水比例提高，除此之外特殊的氣壓式萃取也能夠加強口感的飽滿程度，這個時候已經是個香氣兼併口感的好濾杯了。

圖88

第三步驟，找到中心周圍和中心點的最後一塊拼圖來完成不敗的濾杯，書也進行到接近尾聲了，我們都知道顆粒吃水的三大原則都跟浸泡過度息息相關，醜小鴨濾杯所有的小細節，都是為了能減低顆粒浸泡過度的因素，無論是利用了錐形濾杯肋骨的放置方式，或是獨立製造出的空間，還是顆粒的排列組合，三位一體的概念來避免顆粒被萃取過度（圖90），減少缺點就等於會放大優點，讓沖煮不再困難。

圖89

完成拼圖後，就知道醜小鴨濾杯不單只是個拼圖，還像是一個賓果遊戲般的大獎品，蜘蛛網狀般的功能相互影響，善用系統化的觀察及整理，讓濾杯本體的結構可以反客為主，將顆粒吃水的概念運用在濾杯上，而不是手法上，設計出一個即使是新手，也能從容沖出一杯好咖啡的濾杯，徹底符合了訓練中心的理念，也符合了此工具書想傳達的想法——這樣沖咖啡就對了。

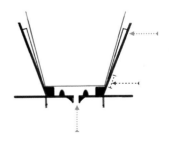

圖90

九州 有田 日本陶瓷的故鄉

醜小鴨濾杯的誕生地

Tsuji 製陶廠

醜小鴨濾杯在結構上算是一個創新之舉，除此之外另一個最重要的因素就是材質的密度，所以最初的概念就是以陶瓷器的方式製作。沖煮咖啡的熱水可以一直維持同樣的溫度是一件重要的事，但是多數人都把目光集中在手沖壺上，反而忽略濾杯本身的保溫條件。咖啡顆粒跟水接觸最久的地方就是在濾杯裡，這時水溫的穩定才是最重要。而材質的選擇上就非陶瓷莫屬囉！

有人會疑問銅的材質不是更可以提供保溫性嗎？是的，銅的材質的確保溫性非常好，但是金屬材質卻在沖煮咖啡時會產生一個致命缺點——影響流速！一般金屬材質都會具有較明顯的氣孔，這個氣孔再接觸到熱水時會產生吸附的功能，也就意味著水位下降的速度，會因此吸附而產生明顯遲緩的效果，而這就會間接讓顆粒靜置水裡過久而產生苦澀味或是雜味！因此陶瓷的高密度特性才完全符合醜小鴨濾杯的需求！

在知道要使用陶瓷材質來製作濾杯時，就一直在尋找合適的陶瓷製造廠商。本地陶瓷的品質是不在話下，但是針對濾杯設計就有一點生疏。在幾次拜訪與試做後，結果都不太理想，尤其是在圓錐合併台型的特殊結構底下更是有相對的難度！

在一次的日本之旅中，拜訪的朋友家鄉就是在佐賀的有田町，朋友知道我在尋找濾杯的製作商，建議我可以去有田町走走看是否有廠商可以配合。目前市面上多數來自日本的濾杯都來自有田，所以醜小鴨濾杯的特殊結構，應該有相對應的經驗。雖然知道合作機率不高，但是人都在日本了，就試試吧！

專業職人的再挑戰

　　到了有田，映入眼簾的是日本鄉下田野風光，一眼望去，一片綠油油的，而且可以到處都是在曬陶製品的景象，當下真是熱血奔騰，好想衝進第一個經過的製陶廠 90 度彎腰拜託職人幫我做濾杯！不過友人還是建議先逛逛看是否有類似產品，這樣一來也比較好溝通。

　　就在逛著逛著時候，我們已經慢慢離開有田町的區域而到了所謂肥前的區域。

　　這邊有一個當地著名的吉田燒展示館，本來只是想看看，但是在閱讀其歷史時，突然有三個字瞬間抓住我的目光「潑水性」。

　　詢問當日值勤的館務意思就是吉田燒陶瓷的特色，除了煅燒技術特別，其使用陶土的配方也很獨特，可以

增加陶瓷本身的密度，這個特色讓吉田燒的瓷器，尤其是餐盤，特別白亮，也因此不易沾上髒污，自然清洗保存也相當方便！這個特色讓我馬上想到濾杯的水位下降速度有一部分的關鍵就是材質，所以如果可以跟吉田燒合作，對於醜小鴨濾杯而言無非是一大優勢！

醜小鴨濾杯樣品的窯爐

當天的館務也特別熱心的介紹一家擁有四百年歷史的 Tsuji 製陶廠，說可以試試看，因為它們也有跟歐美合作，說不定對我們的東西會有興趣！可能是鄉下的關係吧，一通電話而已也沒見過面，製陶廠的代表說可以聊聊，掛上電話後就一路走向醜小鴨濾杯生產地。

跟 Tsuji san 代表聊天時，得知他也很愛喝咖啡，對於我們對濾杯細節的講究也是嘖嘖稱奇，說從沒想過濾杯也有這麼多細節要注意，說著說著，他表示如果可以的話，他想要做看看，就這樣，醜小鴨濾杯的製作，意外的落根在日本，誕生了！

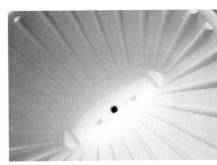

圖 93　醜小鴨濾杯的第一個模型石膏模

提起日本職人，除了品質，速度也是迅速。在回國不到一個禮拜的時間，我就收到了 Tsuji san 的第一個模型，醜小鴨濾杯的石膏模！（圖 93）

而且 Tsuji san 跟我說這個石膏模是可以沖煮的，只要不要泡在水裡應該不會損壞，所以當下拆開包裹就迫不及待試煮了幾次，這幾次的結果已經有前述功能的雛形，所以在實際開模之後功能也會更完整！（圖 94）

圖 94　第一次樣品

圖 95

量產前，再次飛到日本佐賀，Tsuji san 慎重邀請參與量產前的試產，希望我親眼確認，也希望我可以在第一時間可以拿到醜小鴨濾杯。（圖 95）

第一站就來到了模具的工廠，看著濾杯一個一個小心翼翼的從模具移出，當下的心情真的是百感交集，正當感動到最高點時，耳邊突然傳來一堆日文，原來是模具師傅在抱怨這個濾杯怎麼這麼「厚工」，一個小小濾杯居然要用到四件模具，差一點點就要六件模具了，最好是功能這麼強。

透過友人翻譯當下我也是會心一笑，說等濾杯燒製好，一定親自來沖一杯咖啡給模具師傅喝！

就這樣，醜小鴨濾杯誕生了！

這是醜小鴨濾杯的石膏模，也就是第一次跟 Tsuji san 討論完之後所作出來的模型。還記得拿到的當下就已經開始興奮的瘋狂試沖煮，差點就把底部給沖壞了！

醜小鴨濾杯的應用：
雙層萃取的手作濃縮

醜小鴨濾杯的強大萃取能力，在搭配雙層萃取的架構下，可以做出接近義式咖啡機的濃縮咖啡！

義式機器是藉由壓力在接近密閉的濾器，強迫讓熱水進入顆粒。同一時間機器提供的穩定水量，會將咖啡物質持續從顆粒中以綿密的泡沫狀帶出。所以義式咖啡機所製作的咖啡是在含水量最少的狀況下，將咖啡萃出，也就是說只要手沖咖啡能有強大的萃取能力，同樣能達成含水量量最少的萃取液，也可以是濃縮咖啡！

而醜小鴨濾杯雙層萃取的概念，就是以咖啡萃取液的含水量降低為主要目的！概念如下：

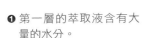

❶ 第一層的萃取液含有大量的水分。

❷ 透過第二層的顆粒可以將可溶性物質加速融合，同一時間可以將多餘的水分排出。

❸ 最後第二層所釋出咖啡萃取液就是含水量最少的咖啡濃縮液！萃取比例以第一層的粉量為主是為 1：10，第二層固定 10g。

醜小鴨濾杯的雙層萃取，能為手沖咖啡創造更多的變化，擴展品味咖啡的豐富性：

• 濃縮咖啡液可以加牛奶作為咖啡歐雷＝咖啡 1：牛奶 3

• 濃縮咖啡液可以加熱水作為美式黑咖啡＝咖啡 1：熱水 1

• 濃縮咖啡液可以加冰水作為美式冰咖啡＝咖啡 1：冰水 1 ＋冰塊適量

醜小鴨濾杯的應用：
調整水位下降速度的配件

醜小鴨濾杯有改良的氣壓式萃取功能，除了可以確保水量可以全數經過咖啡顆粒而將顆粒做到完整萃取，同時也可以透過配件調整水位下降速度喔！

Plus 是醜小鴨濾杯的專用配件，一共有四種版本。差異就在開孔數的不同，其中最特別的就是無孔的 Plus。

使用方式相當簡單，只要將 Plus 置入濾杯底部，接下來就跟一般濾杯使用方式一樣喔！

Plus 的功能是將原本氣壓式萃取的空間隔開，而 Plus 1 本身無法完全密合濾杯底部，所以萃取液會由 Plus 兩側流出，這時沒有任何阻礙，所以下降速度也就跟著越來越快，此時就會夾帶大量的濃度而讓香氣更為明顯奔放，隨著 Plus 孔數越來越多，下降速度會受到孔數影響而變慢，所以 Plus 的功能是調整咖啡香氣的濃郁程度，一孔香氣最強，三孔則是偏向較佳的口感！

而無孔的 Plus 是將水位下降速度調整到最快，利用最少的水量將咖啡顆粒快速釋出，可以應用在冰咖啡裡，尤其是單品咖啡，就算在冰咖啡也能保留接近熱咖啡的香氣喔！

醜小鴨濾杯的誕生影片

　　這支影片濾杯的製作關鍵過程：模具的射出製作過程。多數製品都是以上下一組模具，但是為了確保渦漩氣壓的萃取功能，整個濾杯必須是一體成形。所以採用了較複雜的上下跟左右兩組模具，這個可以確保上方的圓錐與底部台型結構可以完整。雖然是用模具一個一個重複製作，但是事後的細節也需要這些師傅辛苦仔細手作和確認。

影片網址

https://youtu.be/uvomXyle8Zk

這樣沖就對了！

手沖咖啡萬用手法教學影片

請用 APP 軟體 COCOAR 掃描此圖
可觀看影片

這樣沖就對了：

100% 不敗手沖咖啡，怎麼沖都好喝！

作　　　者／黃琳智
主　　　筆／江衍磊
攝　　　影／郭秉承
美 術 編 輯／申朗創意
企 畫 選 書 人／賈俊國

總　編　輯／賈俊國
副 總 編 輯／蘇士尹
資 深 主 編／吳岱珍
編　　　輯／高懿萩
行 銷 企 畫／張莉滎・廖可筠・蕭羽猜

發　行　人／何飛鵬
法 律 顧 問／元禾法律事務所王子文律師
出　　　版／布克文化出版事業部
　　　　　　台北市中山區民生東路二段 141 號 8 樓
　　　　　　電話：(02)2500-7008　　傳真：(02)2502-7676
　　　　　　Email：sbooker.service@cite.com.tw
發　　　行／英屬蓋曼群島商家庭傳媒股份有限公司城邦分公司
　　　　　　台北市中山區民生東路二段 141 號 2 樓
　　　　　　書虫客服務專線：(02)2500-7718；2500-7719
　　　　　　24 小時傳真專線：(02)2500-1990；2500-1991
　　　　　　劃撥帳號：19863813；戶名：書虫股份有限公司
　　　　　　讀者服務信箱：service@readingclub.com.tw
香 港 發 行 所／城邦（香港）出版集團有限公司
　　　　　　香港灣仔駱克道 193 號東超商業中心 1 樓
　　　　　　電話：+852-2508-6231　　傳真：+852-2578-9337
　　　　　　Email：hkcite@biznetvigator.com
馬 新 發 行 所／城邦（馬新）出版集團 Cité (M) Sdn. Bhd.
　　　　　　41, Jalan Radin Anum, Bandar Baru Sri Petaling,
　　　　　　57000 Kuala Lumpur, Malaysia
　　　　　　電話：+603- 9057-8822　　傳真：+603- 9057-6622
　　　　　　Email：cite@cite.com.my
印　　　刷／韋懋實業有限公司
初　　　版／2017 年（民 106）9 月
　　　　　　2020 年（民 109）9 月 3 日初版 4.5 刷
售　　　價／380 元

城邦讀書花園　　布克文化
www.cite.com.tw　WWW.SBOOKER.COM.TW